完美创意的实现

The Vision In My Mind

Fashion Lifestyle Outdoor Lifetown Architecture Design

想いの実現　浜野安宏

滨野安宏(Yasuhiro Hamano)　著　郑晓红　译

中国人民大学出版社
·北京·

目 录

一心一意地思考就一定会梦想成真

我的天赋就是思考，从孩提时代至今，我总在不断思考
发生在同一时刻的种种美好梦想，一旦深思就似乎无法停止
没有思考，就没有梦想，也就难以行动

迷你裙热潮的主谋，牛仔裤热潮的推手，滨野安宏
让女孩穿上喇叭裤狂奔的滨野
迷幻的滨野，无常的滨野，感性的滨野
东急手创的诞生之父，开发商业模式的滨野安宏
商业环境策划师滨野安宏
建筑策划师滨野安宏
飞钓先驱，大渔猎手滨野安宏
创刊设计杂志《AXIS》，担任总编辑的滨野安宏
日本最早的男性杂志《STAG》的创办人滨野安宏
生活方式策划师滨野安宏

享受着一人十色的生活
意念在日本不能实现，非常自然地奔向海外
积极地摸索尝试直到成功为止，欲望却总得不到完全的满足
若有我想去追随学习的人，若有我想去寻求帮助的人
无论天涯海角我都会去与之相逢
坦诚地走近伟人
世界上最伟大的艺术家、建筑师、企业家……去迎接他们
让他们和我一起工作
永不停止地探索，NEVER STOP EXPLORING
实现充实快乐的生活
为了更好地生活，我想尝试一切
“生活方式探险”的生涯还在持续
随着激流在街市中行走，街市也仿佛激流一般充满生机
我讨厌无生活的街市，我是生活方式的专家
没错，我是生活的探险家
一个小策划师无法改变大的舞台
但作为生活方式的先驱，我会继续探索生活
面对映入眼帘的理想模式
更多地去生活！更多地去探索！

更多地去生活！生活！生活！

日常

平常是道

都市，最终
总会被某些事物所占领
人类的粗俗、汗臭、温柔
变形、美丽和丑陋

这不就是都市吗
这不就是衣服吗
这不就是一句话的事吗

从真实感觉的部分可以感受到都市
都市可以成为我们生活的剧场
时尚成为日常化享受的街区
让我们掀起风俗
让我们主宰都市

—— 滨野安宏：《让人聚集》

——摄影：河合昌秀

自然、自由、生活

我的作品是自由。它们就是我的生活方式。
摆脱物质需求、周围的人、大企业、国家甚至自身的束缚，
我的生命都献给了自由。
如果在自由和正义之间抉择的话，我将毫不犹豫地选择自由。
幸运的是，无论多么匮乏，哪怕饱尝痛苦，我也从未被剥夺过自由。
正义的政治语言已迫使多少人走向了死亡，并为此付出多少金钱，引发多少暴力……
我们不能为仅仅包含了正义的言语而牺牲自己的生命。
我的爱人，我的家人，孩子们，朋友们，他们每个人都有各自的人生。
我的思考，不求它涵盖所有，但求它能够延续。
完成并不是最终的目标。有些甚至还没有初具雏形。
所有的手法，所有的秘笈，所有的失败，所有的成功，已经完成的，尚未完成的，仅仅是梦想的一部分。
展现深信不疑的一切。任何你想要的都可以拿去。让那些美梦成真。
我从心底期盼，这每一行文字，每一张照片，甚至整册书，都将成为开端。

图片：完全自给自足的住宅　美国蒙大拿州1994年完成
能从国家政府、大企业和所有人际关系中脱离，获得完全的自由吗？

我的作品是自由的

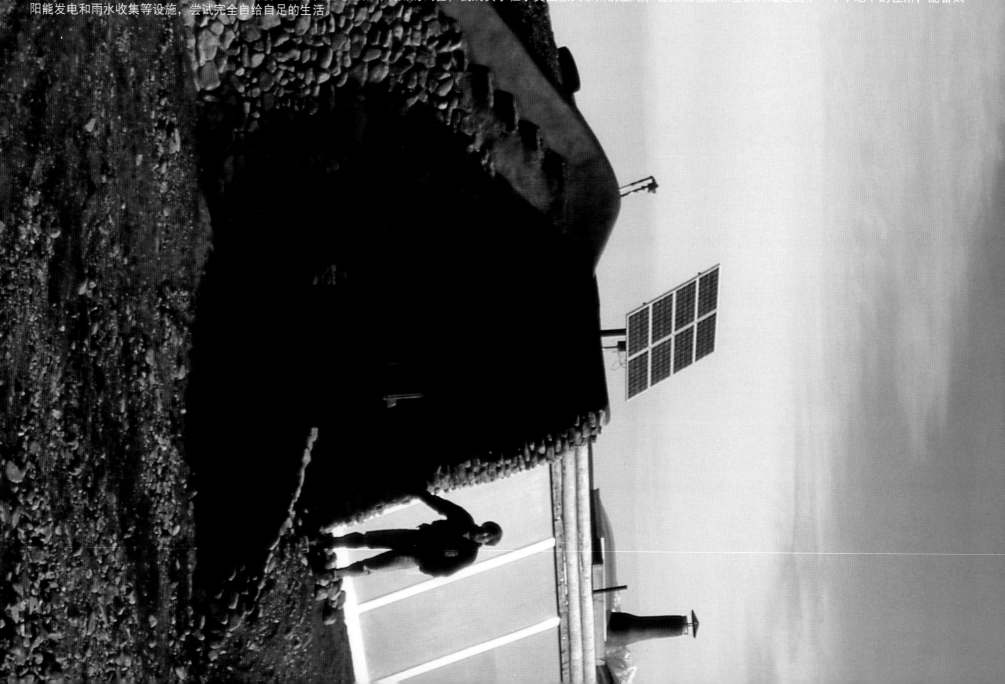

尝试完全自给自足　美国蒙大拿州　1994

因为要进行在日本无法实现的自给自足和可再生能源在住宅上循环利用的试验，我购买了位于美国蒙大拿州的土地，使用旧轮胎和空饮料罐建造了一个半地下的住所，配备太阳能发电和雨水收集等设施，尝试完全自给自足的生活。

家才是生活探险的基地

——摆脱国家、企业，体验完全的自由。

长期休假的据点　怀俄明州　1988

1981年，为进行为期三个月的研究性休假，我和家人开始了横越美国之行。似乎感受到土地神灵的召唤，我祈望能在美国怀俄明州的杰克逊霍尔建造自己的家。只使用手工去皮技术对自然枯死的洛基黑松木进行加工，建造瑞典式建筑结构的木屋。25年来，每年夏季我都在此度过。

休假生活实验·90天横越北美大陆的野营旅行
アラスカ
ジャスパー
カムループス
カルガリー
バンクーバー
フラテリィ岬
シアトル
ベンド
ボーズマン
デビル・タワー
マウント・ラシュモア
イエローストーン
ジャクソン
ウォール
アルバート・リー
ミネアポリス
ドールース
サンダー・ベイ
スール・セト・マリー
トロント
ナイヤガラ
インターコース
マンチェスター
クオー
ポートランド
ケープ・
ニューヨーク
ンフランシスコ
ヨセミテ
セコイヤ
ロスアンゼルス

憧憬海滨农庄别墅　东京成城　1978

在大学城成城学园，我建造了我的第一个住所。在这座用胶合板建成、刷以半透明清漆的2×4的住宅里，我养育了我的孩子。建筑设计灵感来源于北加利福尼亚州的海滨农庄别墅。

朴实的木制空间

育子之盒

日本第一座海滨超高层住宅 横滨 1989

在横滨未来港区域，我策划建造了超高层住宅。其最高层的复式空间供SOHO居住和使用了一段时间。这是日本最早的滨水住宅，最先将日本高层建筑从强调横线条的风格中解放出来，标志着强调丰富多彩的纵线条的超高层住宅成为设计主流。

15 —— 委托方：住宅都市整备公团 总策划：滨野安宏 设计：迈克尔·格雷夫斯

在海滨栖息和工作　美国洛杉矶　1990

我工作兼生活的空间位于洛杉矶机场附近的威尼斯海滩。这座热带装饰风格的房子是由著名影星汤姆·米克斯建造的。迈克尔·格雷夫斯担任了重新改造的色彩设计。赶上海浪好的时候，我便会去冲浪。

2207

融入传统村落　冲绳　2010

在冲绳本岛的尖端，在美丽的福木环抱着的村落里建造了别墅，我开始尝试与潮间带生物共存的生活实验。在屋前的海面上飞钓，可以收获珍贵的鲷鱼，也可以采集到海蕴。即使大潮来临，也可以毫无顾忌地周游四处。我在京都的堀川附近长大，似乎一直在寻找一个滨水的家。

19——设计：设计工作室琉球乐团　久高实

任意变化的街角　东京青山 2000

在东京的中心，将位于青山的住宅兼办公室与画廊、店铺等融为一体，我开始了新都市生活方式的探索。在青山后街周边，我也开始推进新的城市建设项目。无论我走到哪里，总会带来地产价值的升高和生活方式的改变。

——设计：北山恒建筑研究会

选择青山作为创意产业的圣地

1974

WORK,LIVE WITH JOY的含义是工作和娱乐不可分割，它们共同组成了完整的生活。办公场所、住宅、娱乐场所互相分离，已成为近代都市的结构问题。结合青山一原宿地区所特有的地势魅力，提出并创造一种新的生活方式。林荫大道上整齐的树木也是我们努力的结果。FROM-1st标志着新青山时代的开始。

30
施主
太平洋興発 株式会社
総合プロデュース
株式会社 浜野商品研究所
設計監理
山下和正建築研究所

更加全方位！从勾勒理想的生活方式开始 1975

这是我在城市居住空间规划上的第一个项目。首先从寻求合适的位置开始。请具有出色艺术表现才能的表兄绘制了效果图。我寻找的建筑师需要熟悉欧洲的日常生活，我给他打去电话，邀请他来一起工作。在东京的都市住宅设计方面，我们团队没有多少经验。投资商也是第一次合作。一切都是第一次的“From-1st”。

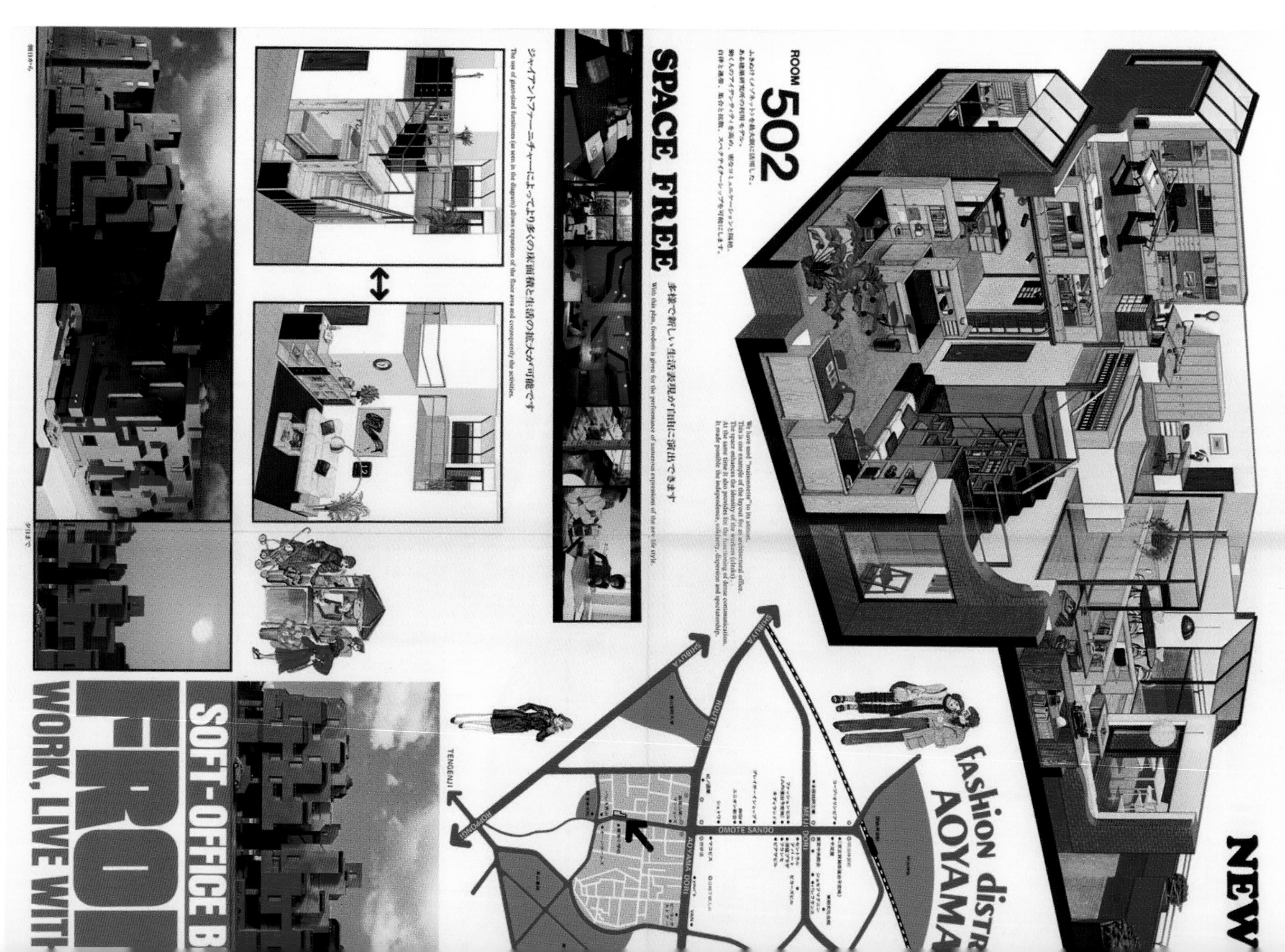

NEW
ROOM 502
ふきぬけ《メゾネット》を最大限に活用した。
ある建築研究所の利用モデル。
働く人のアイデンティティを高め、密なコミュニケーションと隔絶、
自律と連帯、集合と拡散、スペクテイターシップを可能にします。
We have used "maisonnette" to its utmost.
This is one example of the layout for an architectural office.
The space enhances the identity of the workers (clerks).
At the same time it also provides for the functioning of dense communication.
It made possible the independence, solidarity, dispersion and spectatorship.
SPACE FREE
多様で新しい生活表現が自由に演出できます
With this plan, freedom is given for the performance of numerous expressions of the new life style.
ジャイアントファーニチャーによってより多くの床面積と生活の拡大が可能です
The use of giant-sized furnitures (as seen in the diagram) allows expansion of the floor area and consequently the activities.
朝日から
夕日まで
fashion distr
AOYAMA
MEIJI DORI
OMOTE SANDO
AOYAMA DORI
SHIBUYA
ROUTE 246
ROPPONGI
TENGENJI
SOFT-OFFICE B
WORK, LIVE WITH

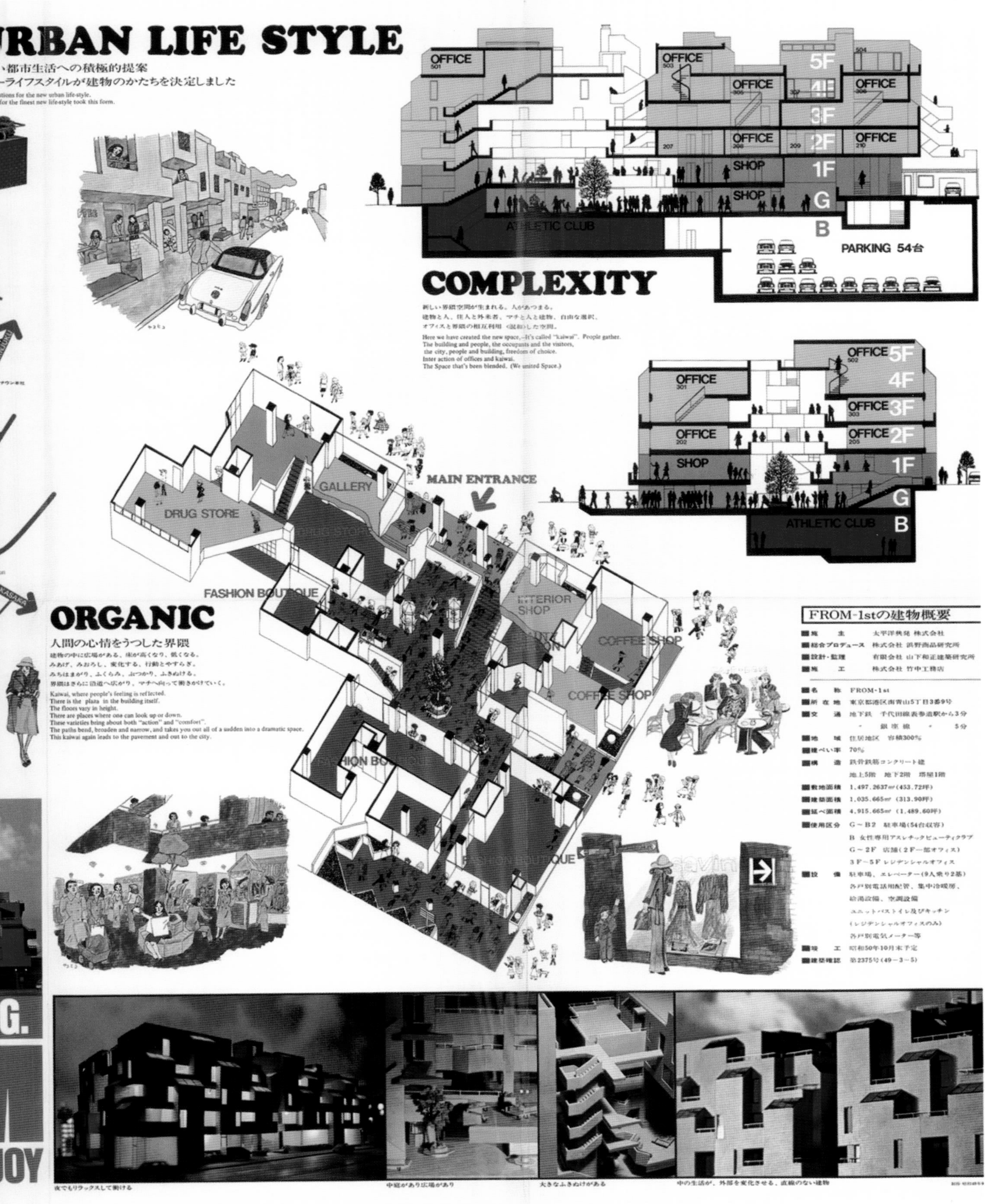

URBAN LIFE STYLE
い都市生活への積極的提案
ーライフスタイルが建物のかたちを決定しました
stions for the new urban life-style.
for the finest new life-style took this form.
OFFICE
5F
4F
3F
2F
1F
G
B
SHOP
ATHLETIC CLUB
PARKING 54台
COMPLEXITY
Here we have created the new space,–It's called "kaiwai". People gather.
The building and people, the occupants and the visitors,
the city, people and building, freedom of choice.
Inter action of offices and kaiwai.
The Space that's been blended. (We united Space.)
MAIN ENTRANCE
GALLERY
DRUG STORE
FASHION BOUTIQUE
INTERIOR SHOP
COFFEE SHOP
ORGANIC
人間の心情をうつした界隈
Kaiwai, where people's feeling is reflected.
There is the plaza in the building itself.
The floors vary in height.
There are places where one can look up or down.
These varieties bring about both "action" and "comfort".
The paths bend, broaden and narrow, and takes you out all of a sudden into a dramatic space.
This kaiwai again leads to the pavement and out to the city.
FROM-1stの建物概要
施主　太平洋興発 株式会社
総合プロデュース　株式会社 浜野商品研究所
設計・監理　有限会社 山下和正建築研究所
施工　株式会社 竹中工務店
名称　FROM-1st
所在地　東京都港区南青山5丁目3番9号
交通　地下鉄 千代田線表参道駅から3分
　〃 銀座線 〃 5分
地域　住居地区 容積300%
建ぺい率　70%
構造　鉄骨鉄筋コンクリート造
地上5階 地下2階 塔屋1階
敷地面積　1,497.2637㎡(453.72坪)
建築面積　1,035.665㎡ (313.90坪)
延べ面積　4,915.665㎡ (1,489.60坪)
使用区分　G～B2 駐車場(54台収容)
B 女性専用アスレチックビューティクラブ
G～2F 店舗(2F一部オフィス)
3F～5F レジデンシャルオフィス
設備　駐車場、エレベーター(9人乗り2基)
各戸別電話用配管、集中冷暖房、
給湯設備、空調設備
ユニットバストイレ及びキッチン
(レジデンシャルオフィスのみ)
各戸別電気メーター等
竣工　昭和50年10月末予定
建築確認　第2375号(49－3－5)
夜でもリラックスして働ける
中庭があり広場があり
大きなふきぬけがある
中の生活が、外部を変化させる、直線のない建物

委托方：太平洋开发　综合策划：滨野综合研究所　设计：山下和正建筑研究所

表参道的起点：从一栋大楼开始创建一个街区　1975

在京都出生长大的我，在青山找到了街区构想的种子。从日常生活的视野中将一个个分散的都市碎片重新连接起来。FROM-1st项目在当时没有人理解。我唯一的支持者是钏路一家煤矿公司。住在这里，你任何时间都可以开始工作，只要你喜欢，可以娱乐也可以休息。一天中24小时完全由自己支配。

我创造的街区：

FROM-1st STREET

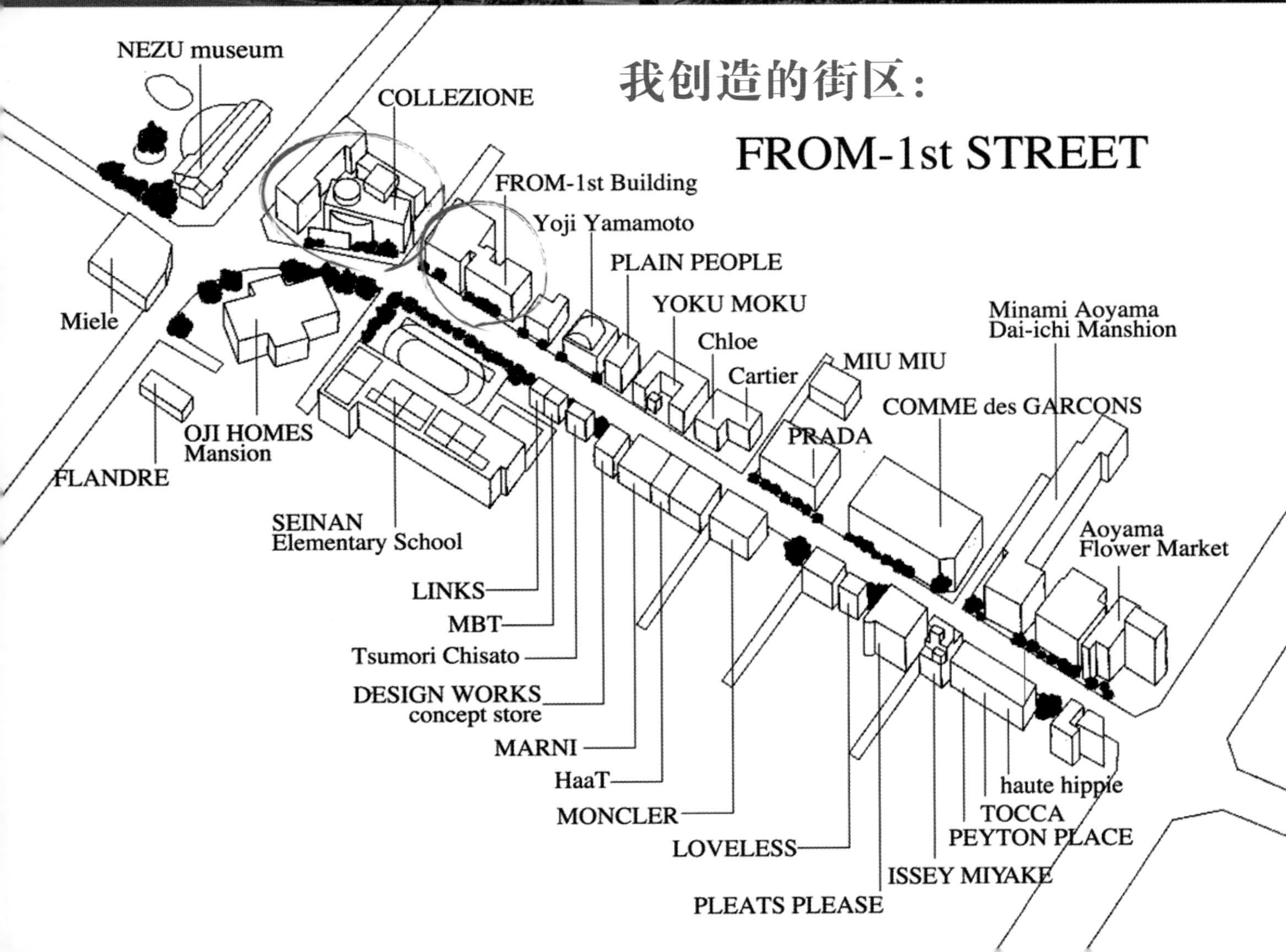

NEZU museum
COLLEZIONE
FROM-1st Building
Yoji Yamamoto
PLAIN PEOPLE
YOKU MOKU
Chloe
Cartier
MIU MIU
Minami Aoyama
Dai-ichi Manshion
COMME des GARCONS
PRADA
Miele
OJI HOMES
Mansion
FLANDRE
SEINAN
Elementary School
Aoyama
Flower Market
LINKS
MBT
Tsumori Chisato
DESIGN WORKS
concept store
MARNI
HaaT
MONCLER
LOVELESS
PLEATS PLEASE
ISSEY MIYAKE
PEYTON PLACE
TOCCA
haute hippie

生活方式决定了建筑造型

1975

我们在巴黎塞纳河畔有缘再次相会。如果有那么一天，在东京能坐在临街排放的椅子上，一边喝着葡萄酒一边畅谈人生，该是何等惬意。FROM-1st项目在规划阶段我就有这个想法。这里是为了入住其中的伊里巴的费加罗而准备的。我也保留了与三宅一生相匹配的理想空间。

歩行者用押ボタン

在青山创建日本第一个街头开放式咖啡馆 1972

日本丰田汽车公司在我的巴厘岛研究、流动性与人类生活方式以及现代家庭生活方式等研究项目上，给予了我这个生活方式策划者大力支持。咖啡馆在巴黎都市生活中发挥的重要作用被重新认识。在东京闹市区的丰田汽车展示空间，开创了开放式的街头咖啡馆。在不允许在公共场所设置座位的日本，我找到了创造共用空间的方法。

TOYOTA
TOYOTA

在冷清的摩天大楼街区创造一个热闹区域 1972

我们不需要破坏天际线的立交桥。杂乱的闲置空地之所以形成，是因为忽略了街道沿途商业选址的可行性，使其无法作为商业用地使用。昏暗的隧道里睡满了流浪汉。我作为新宿新都心开发协议会商业小组最年轻的委员，呼吁新宿摩天大楼街区规划需要反省和变更。当时同席的另一位委员，三井不动产常务董事坪井东先生（后来的三井不动产执行主席、董事会主席），给予了我成就想法的机会。

创造阴凉、清风吹拂、自然的公共空间 1984

在商业大楼的平台上种植了一株大月桂树。烈日下冲绳地区年轻人的即兴街舞在此上演，自由音乐家们在此演奏、唱歌。在这一项目中，大荣公司获得了广泛的本地支持并取得了项目冠名权。这一项目在当地不但没有遭到任何反对，反而还大受欢迎。附近肮脏笨重的立交桥也因此被拆除了。

向忽视人类的建筑师和行政当局提出界隈理论 1974/2005

人多的地方，人们会聚集过来。人们希望看到其他人，也想被其他人看到。出生在京都，在聚集了各种家族企业的环境里长大的我，看到城市化建设中将工作街区、住宅街区和商业街区分割开来，深感其失于调和，我认为不能放任不管。我提出“界隈”（周边区域）这一重要理念，呼吁复兴人性化的城市。我的一本畅销书谈论的就是这一理念。

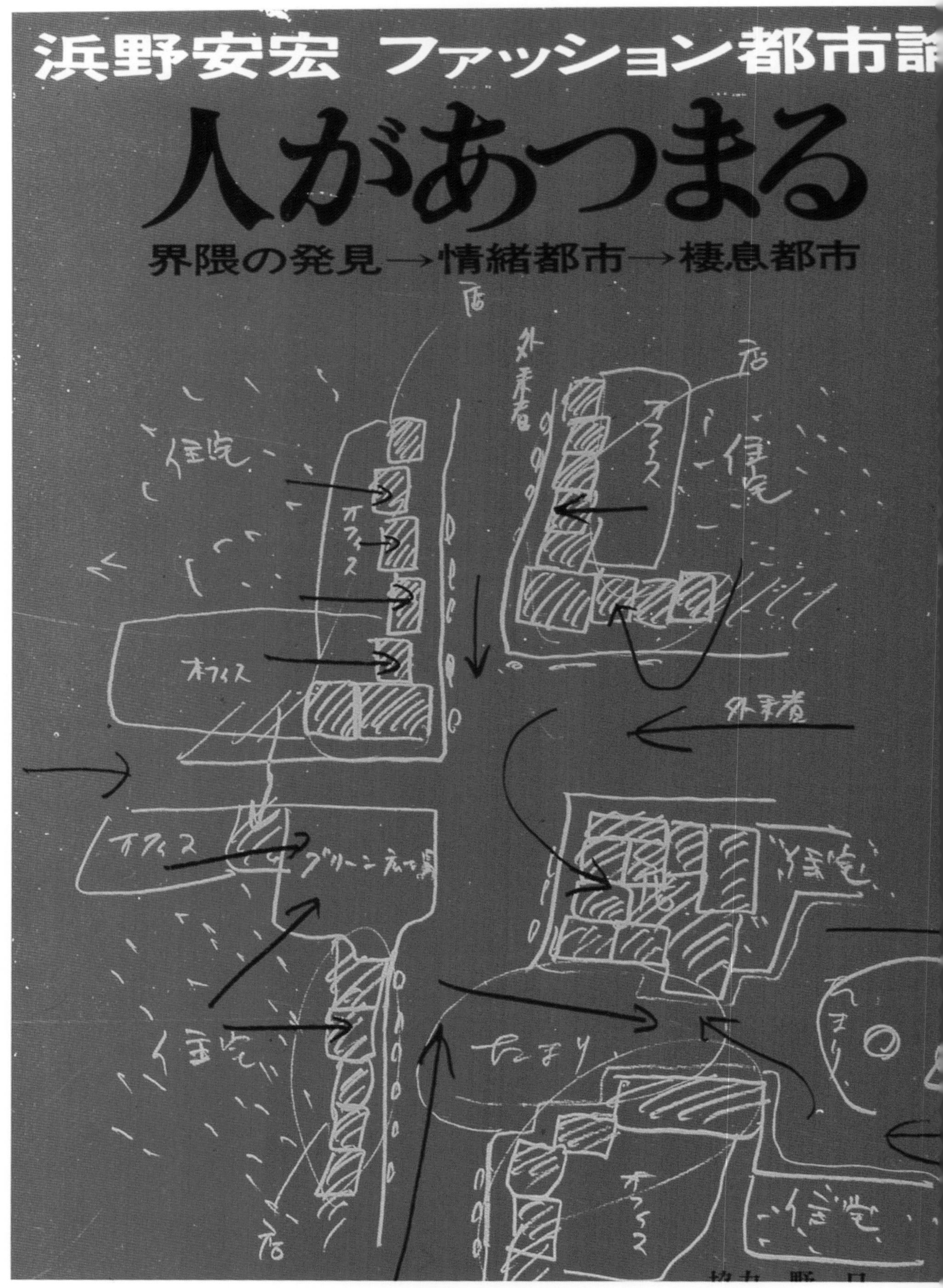

浜野安宏 ファッション都市
人があつまる
界隈の発見→情緒都市→棲息都市

＊1974年 讲谈社发行 经久不衰的畅销书

浜野安宏 ストリート派宣言

人があつまる

界隈　生活地　棲息都市

Shibuya Tokyu Plaza

Tokyu Hands

Q-front

Shibuya East

Cranes Factory

Cat Street

hhstyle.com

Aoyama Street 246

Omote-Sando Street

OmniQuarter

La une

From 1st

ゴールデントライアングルの発見

Discovering the golden triangle

2005年《诺亚》（Noah）出版发行 修订版　　现滨野研究所有售

创建青山大街高品质的地标性建筑 2006

东京需要世界一流的林荫大道。我提出将青山大街改造成一个高品质的林荫大道，重新种植道路两边的树木、更换路灯、修筑调整防护栏，以及移走散落的树木。抱着建造一个“标志性建筑”的强烈愿望，我接受了AO大楼的建筑策划工作。施工前，我用了一周时间建了一大片圆形的空白之地，以祭祀土地神灵。

EARTH

用艺术祭祀土地神灵：白色墙壁上呈现白色服装 2006

白衣的舞者撕开怨念的黑暗，呼唤新次元的到来。我相信土地上有神灵存在。当我抉择一个项目时，我会静静倾听神灵们的呼唤再决定是否开始。AO大楼所在的土地商业潜力很大，我希望它在使用前能被完全净化。业主了解我的想法。我的理念通过前卫的舞蹈和服装得到完美展现。

服装设计：菱沼良树　编舞：保罗•莱特富特和索尔•列昂　音乐：向山朋子　综合策划：滨野综合研究所

象征性的外观和柔和的轮廓 2009

正面使用双层玻璃，侧面采用倾斜平缓的造型。建筑师理所当然地抱着建筑应该有正、背面的想法。我尽了最大的努力不让大楼背对住宅区。在建筑中设计了可以散着步进入咖啡馆、餐厅和精品店的路线。五楼的餐厅和庭园作为近景，中景是青山的住宅街区和表参道大街，在此可以远眺的西新宿大街成为远景。

43 —— 委托方：大昌株式会社 综合策划：滨野综合研究所 建筑设计顾问：坂仓建筑设计研究所 设计：日本设计 p46摄影：河合昌秀

从横滨未来港到这条街，和我最好的朋友伊冯 1997

明治大街后街，是将涩谷河作为暗渠覆盖之后形成的小街。杂乱的街道满是垃圾和涂鸦。所有的房屋都背对着街道。公共工程留下了一个烂摊子。巴塔哥尼亚的创始人伊冯·乔伊纳德正在为寻找日本旗舰店的位置而烦恼。我与他在杰克逊霍尔的弗拉特克里克河畔垂钓时，向他提出了利用这条街道的提议。同时我也需要一个办公地点。

TEAM HAMANO
CAT STREET
PROJECT
NPC
24H

将满是涂鸦的后街培育成涩谷—原宿地区的名胜 2001

猫街是我当年灵感的现实版，那时我与伊冯 · 乔伊纳德在弗拉特克里克河畔还就此探讨过。它的名字“猫街”也是当时被定下来的。原来的街名是涩谷川街。沿着涩谷河暗渠的街道弯弯曲曲，非常适合散步。为此成立了“使猫街更美好协会”，作为志愿者我们做了诸多努力。

1F
BIG HAND
2F

涩谷 — 原宿 — 青山金三角

2005

作为涩谷青山景观整治机构的专务理事，我决心将青山大街培育成世界著名的林荫大道。好的大街会有很多岔道、后街小巷与之相连，从这些岔道和小巷可到达其他街区。青山大街、明治大街、表参道大街将涩谷、原宿、表参道紧密相连。它们是东京的文化引擎，必将成为世界的名胜。

RAMBLIN'

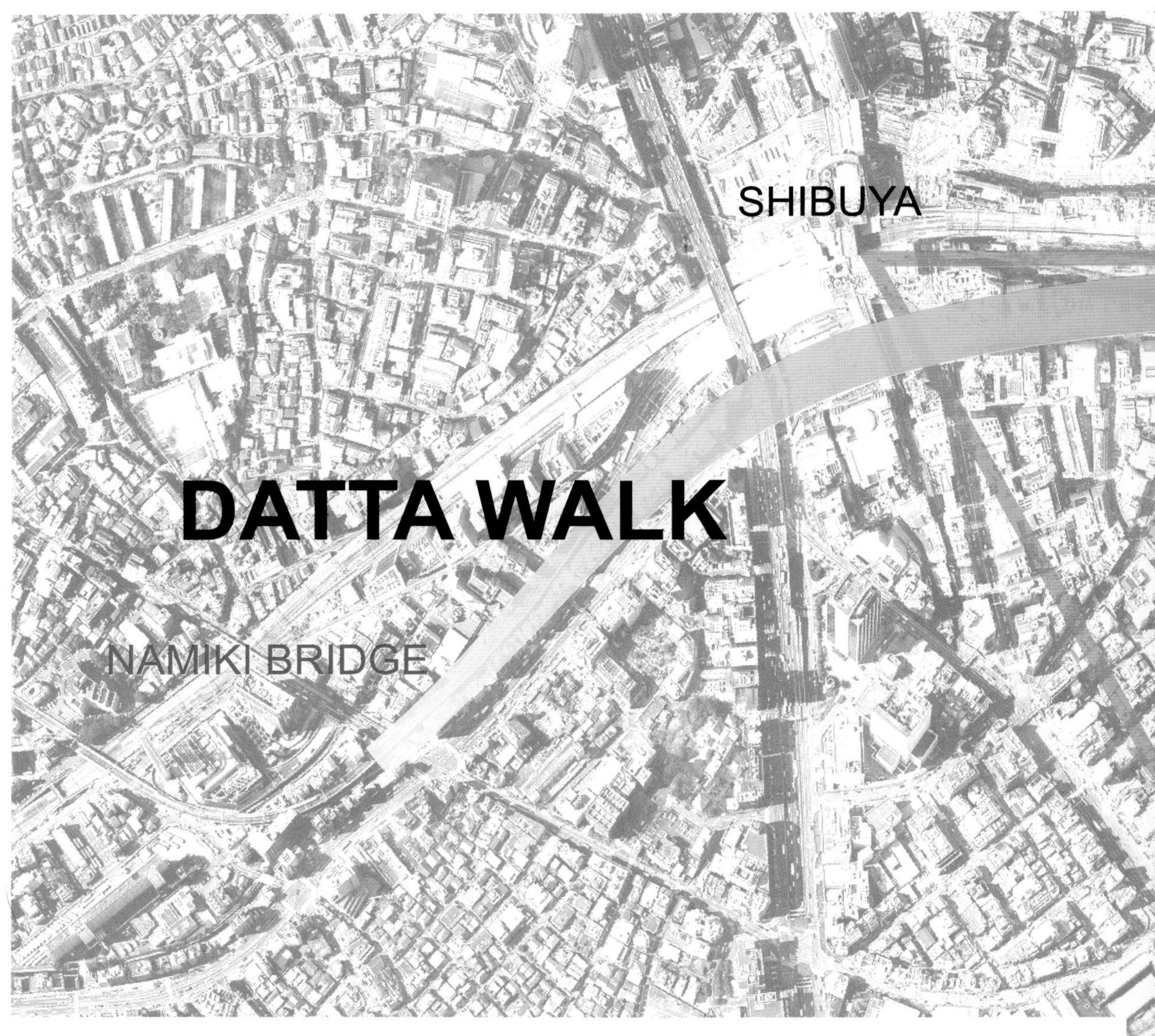

随着大型开发的强势推进，充溢着年轻创造者活力的街道不知不觉在消失。路面上的咖啡馆在消失，电影院也不见了踪影。涩谷本应该是一条拥有咖啡馆和电影院的街道，应该是一条能保持这种活力的街道。

在涩谷—原宿步行一条街的构想中，我们想恢复和振兴街道的咖啡馆和电影院，想恢复和振兴街道的前卫时尚店和旗舰小卖店。

振兴涩谷的最后一个机会，就是充分利用曾经是涩谷河、如今变成了道路的区域及其周边街区。

Cat Street、Park Lane 、Datta Walk

继续推进从表参道到并木桥的三条个性化街区之间的联系，使涩谷成为新文化的原动力。

STREET

Shibuya Aoyama
Landscape Formatiion Organizatiion, N.P.O.

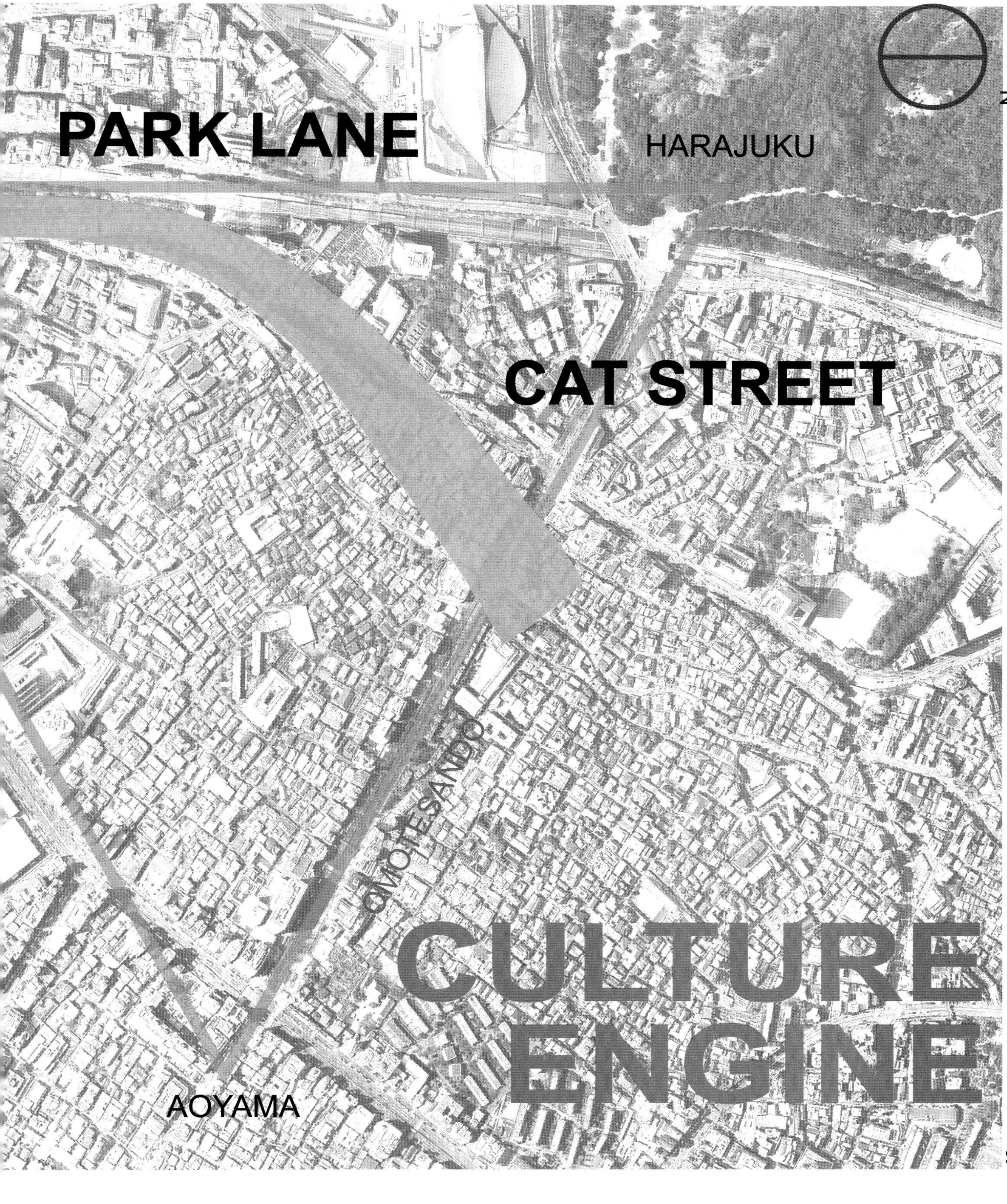

N

PARK LANE

HARAJUKU

CAT STREET

OMOTESANDO

CULTURE ENGINE

AOYAMA

明白了!上街去!在现场让我告诉你这里发生的一切 2010

在涩谷、青山和原宿，我带领学生们参观我的作品——从FROM-1st到表参道大街。最初，没有人资助这一项目，钏路市的太平洋煤矿公司是我唯一的赞助商。现在，它已经发展成为一个高端的时尚品牌大街。在涩谷车站前，讲述著名建筑QFRONT诞生的秘密，我曾在那里拍摄了自己的大学毕业作品，我如何促成了文化便利俱乐部的增田先生与东急百货的董事长兼CEO三浦先生的会面……

 ——为青山学院综合文化政策学部进行户外授课

涩谷车站前的电子屏幕，每天有40万人观看　1999

1963年，我的第一部原创电影就是以这里的旧建筑为背景拍摄的。这是我在日本大学电影系的毕业作品。这里是世界上最繁忙的十字路口。茑屋书店的增田先生称之为最好的礼物。我也向东急百货的五岛升先生和三浦守先生展示了我的作品。这座拥有世界上最大的LED屏幕的建筑对各项规章制度来说都是个挑战，不过最终得以建成。

不在的建筑：让建筑消失踪迹　委托方：株式会社东急百货店、札幌购物中心株式会社　综合策划：滨野综合研究所　摄影协助：株式会社商店建筑社　摄影：铃木光

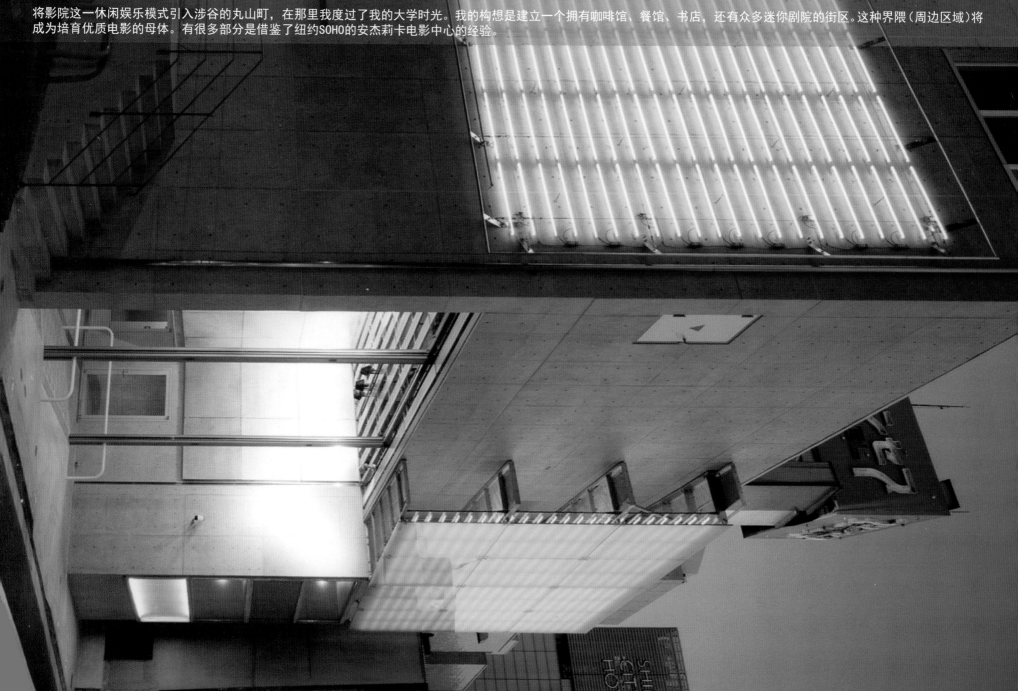

小型迷你影院在涩谷后街掀起文化革命 2004

将影院这一休闲娱乐模式引入涉谷的丸山町，在那里我度过了我的大学时光。我的构想是建立一个拥有咖啡馆、餐馆、书店，还有众多迷你剧院的街区。这种界隈（周边区域）将成为培育优质电影的母体。有很多部分是借鉴了纽约SOHO的安杰莉卡电影中心的经验。

综合策划：滨野综合研究所　设计：北山恒建筑研究会

在故事片中作为男主角崭露头角 1960

1960年，刚上大学的我就被选为电影《太阳的呼喊》的男主角。这是由日本大学艺术学部故事片制作研究会拍摄的，女主角是整个大学最漂亮的女生。我在现代爵士咖啡馆结识的佐藤雅彦负责音乐。我释放出所有的感性全身心地投入到电影制作之中。我们选择了富士五湖之一的西湖作为外景拍摄场地，在暑期开始了拍摄。

太陽の叫び
1960

——导演：南野梅雄　电影制作：故事片制作研究会

朋友们嘲笑我是不拍电影的大导演……

因为迷恋法国的新浪潮电影，我甚至放弃了大学入学考试的暑期补习，沉迷于观赏各种电影。我也曾多次试图拍摄自己的电影，但是每次都因为各种事情半途而废，比如经济形势突变、一个令人兴奋不容错过的项目的开始……所以我才是现在的我——时尚、飞钓、商业模式、商业环境、地域规划等领域许多开创性项目的策划人，而所有这些项目都必须运用电影制作手法才得以完成。

发掘明星，在我最喜爱的渔村进行拍摄 1970

我曾为服装面料生产企业MD制作了一部广告片，主题是欧洲的休闲度假时尚。当时我正热衷于新浪潮电影。在尼斯的摄影棚进行的演员试镜中，我们选择了三个女孩。我梦想着自己是罗杰·瓦迪姆，选用左页的女演员作为女主角，在法国圣特罗佩海港的大街上拍电影。

SYNDICAT D'INITIATIVE
Glaces

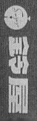

模特们跑起来！让“感觉”成为流行语！ 1969

“找到感觉”使铃屋成为日本头号时装零售店，而我则策划了其营销战略、品牌标识、广告语、销售文案、旗舰店以及促销活动。为了拍摄世界首张奔跑中的模特的照片，我和模特一起在草地上边跑边拍。我还拍摄了这一主题的电视广告片。

【全面広告】　第3種郵便物認可　朝日新聞　昭和44年(1969年)10月21日　火曜日　10版　(8)

かぎりなく正直であることがそうさせます

おしゃれに権威などありません

ルールや古い常識から解放された若い女性たちが、おしゃれの権威をほろぼしてしまいました。パリコレクションにサヨナラした彼女たちが、ロンドンから、パリから、ニューヨークから東京から、まったく同時に行進をはじめました。わがままな鋭いフィーリングで鮮かにのろしをあげたかっこよさの革命です。

造反でも　ゲバルトでもなく

かぎりなく正直であることが、そうさせるのです。ほしいものにまよわず手を通す、若い女性が鈴屋の店内にきらきらと個性をふりまいています。新しい自分を創る、明かるく健康的な主体性と行動力にあふれた、力強いヤング・レディス・パワーの行進です。鈴屋はファッションがパワーになると信じています。

もっと自由に　さらに自由に

歩く、走る、とぶ、話す、自由な動きの中に見つける美しい一瞬鈴屋の中で毎日の対話から、毎日のファッションが生まれています。もっと自由に！さらに自由に！感覚の自由を若い女性に！いきいきとオシャレを楽しんで下さい。鈴屋がついているから鈴屋のお客様は世界でも最高に幸わせなお嬢さんなのです。

ファッション・スペシャリティ・ストアー

本社　文京区湯島2-24-1　TEL(833)2211

BELLE鈴屋・銀座5丁目店・銀座モードサロン
西銀座店・新宿駅ビル店・新宿モードサロン
新宿店・新宿子供店・池袋店・上野店
渋谷店・吉祥寺店・立川店・軽井沢店

玉川高島屋ショッピングセンター内
玉川店11月11日開店

大阪阪急三番街
大阪店11月30日開店

ファッション・スペシャリティ・ストアー誕生!!

フィーリングの発見

〈かっこよさの革命〉

多重的水坝夺走了美丽的沙丘 1969

35～45年前，我曾多次造访滨冈沙丘取材，进行服装和影视拍摄。但是三年前当我再回到这里，想看看那些美丽的沙丘时，竟然发现那些沙丘居然消失了。多重水坝的建设阻止了沙丘的流动。我与我美丽的朋友们相聚于其中的壮丽景色已经一去不复返了。

50年代末：描绘工业社会的黄昏 1959

我读高中的日子是在大画布上画落日中打发的。当时日本精神抖擞地走在通往工业化和经济高速增长的道路上。我这个京都的叛逆少年常常描绘丑陋的事物——琵琶湖畔的化学工厂、尼崎的发电厂、高尔夫练习场等等，背景是壮观的落日下美丽的废墟，使用的是伯纳德·巴菲特的技法。

都市的电车在奔跑,徘徊在飘散着英文的六本木直到黎明 1963

随着《男性俱乐部》杂志第32期的出版，我作为流行风俗作家崭露头角。用保罗滨野、美蛇儿等笔名写了许多文章。我亲手成就了六本木族的开始和结束，但也为其他潮流留下了发展的空间：时尚插画、现代爵士乐、黑人、朋克族、蓝调音乐、扭摆舞和终极飞车。我总是走在时代的最前沿，探索新的理念。

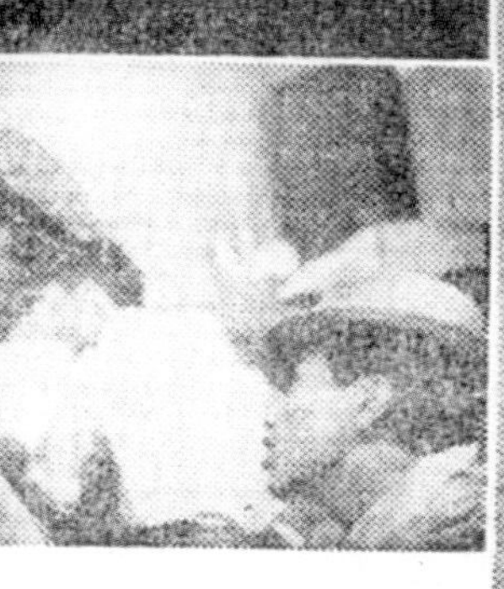

六本木族始末記

●陶酔と嘔吐と違和感と

ポール・浜野

一日中降り続づいた雨があがり、コンクリートの地面がにぶく光って、横文字のネオンが輝き出すころ、六本木に入る。地下鉄工事の機械音が、うるさく耳をついて、

——撮影：斋藤亢 69

推出前卫的男士杂志

1966

曾经有过一本电影杂志，叫《电影之友》。随着电视的普及，电影业一蹶不振之时，我开始给这本杂志撰写影评。当该杂志的总编请我重振这本杂志的时候，经过一番调研和深思熟虑后，我提出创刊男性杂志《Stag》的方案，以此解决《电影之友》的资金问题。因为人们倾向于购买与男性时尚、生活和休闲有关的有品位的男性杂志。

我々、ｓｔａｇスタッフは、みんな若い、平均年令が２４才だ、いい先輩や、プロに見まもられて、なんとかこの本を作り上げた。皆んなはりきっている、本をつくるのが三度のメシより好きな連中（スタッグ）ばかりだ、幾晩もつづけて徹夜もした、目がまっかになったこともあった、本づくりのベテランが見たら穴だらけの本かもしれない、でも一つの本を作り上げたよろこびで一ぱいだ。

ｓｔａｇを皆んなで育て上げたい、いい本にしたい、読者諸君、ｓｔａｇに協力してください。そして、本が出来たら、また、パーティーをやって、みんなでさわごう。

昭和42年1月5日発行 毎月1回5日発行 第1巻第1号
昭和41年11月29日国鉄東局特別扱承認雑誌第2492号

POUR LES HOMMES

stag

スタッグ

VOL.1

1月号

創刊号

本誌特写カラーワイド特集
世界一の前衛ヌード／クレイジーホースサロン
世界の若者シリーズ／スウェーデンの怒れる若者たち
ファッション／フランスの新しい波

醉心于现代爵士乐——盖世无双的演唱会 1963

我向三峰公司提出了“阿特·布莱基演唱会大酬宾”的策划方案，获得了巨大的成功，从而促使三峰得以快速发展。阿特·布莱基的《呻吟》一曲，可谓是我们那代人，亦即朋克族的主题曲。1963年我还是一名大学生，因为给歌手塞隆尼斯·孟克搬运过行李，得到了一张阿特·布莱基亲笔签名的唱片。对我来说它非常珍贵。有趣的是，爵士乐与日本料理很搭调。

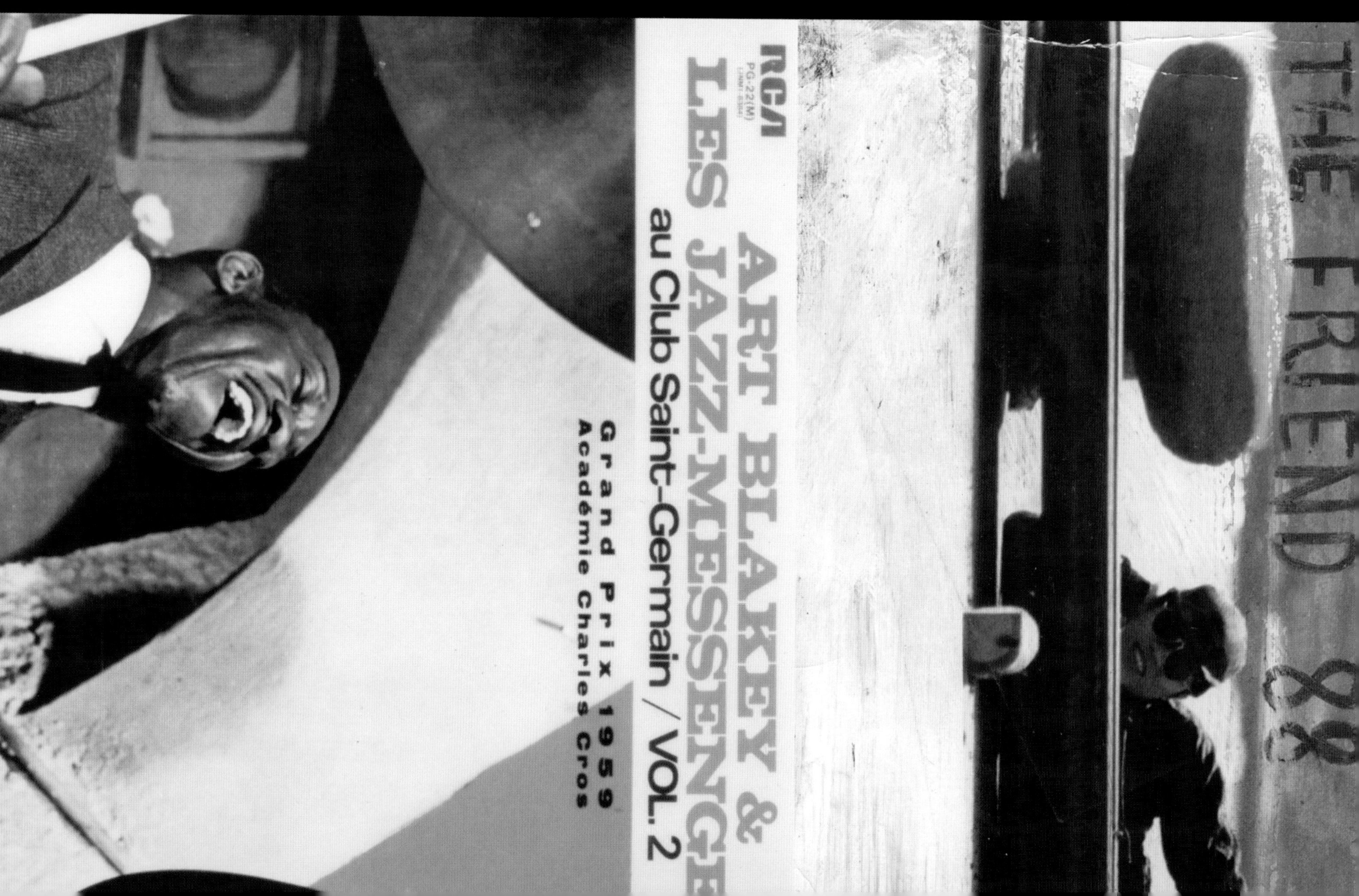

MODERN
JAZZ

MUSIC
INN

brilliant corners

'63. 16. may

THELONIOUS MONK

Sonny Rollins ... and Clark T...

梦幻滨野，我掀起了主流热潮

1968年5月及此后的20年间

这是艺术、文化、商业、风俗相互融合的时代。将环境艺术引入迪斯科舞厅和演出场地，在东京我创建了高雅的迷幻文化和嬉皮哲学。这是现实与迷幻的象征。黑暗的地下室发亮的霓彩涂料引发了我的这一构想。这一创意使我的名字家喻户晓。

感觉的释放和意识的扩张：色彩、灯光、声音 1968

在60年代，我们还没有能够创造复杂灯光效果的小型电子频闪灯。藤本晴美能很好地操纵飞机用的大型频闪灯，因此创造出了令人震撼的灯光效果。世界性的黑人流行音乐R＆B与摇滚乐融为一体。所有人——商界精英、建筑师、时尚人士、音乐家、艺术家、作家、新闻记者似乎都在此敞开了心扉，感觉获得了释放，意识得到了扩张。迷幻滨野开始走向世界。

77 —— 迷幻　综合策划：滨野安宏　照明导演：藤本晴美

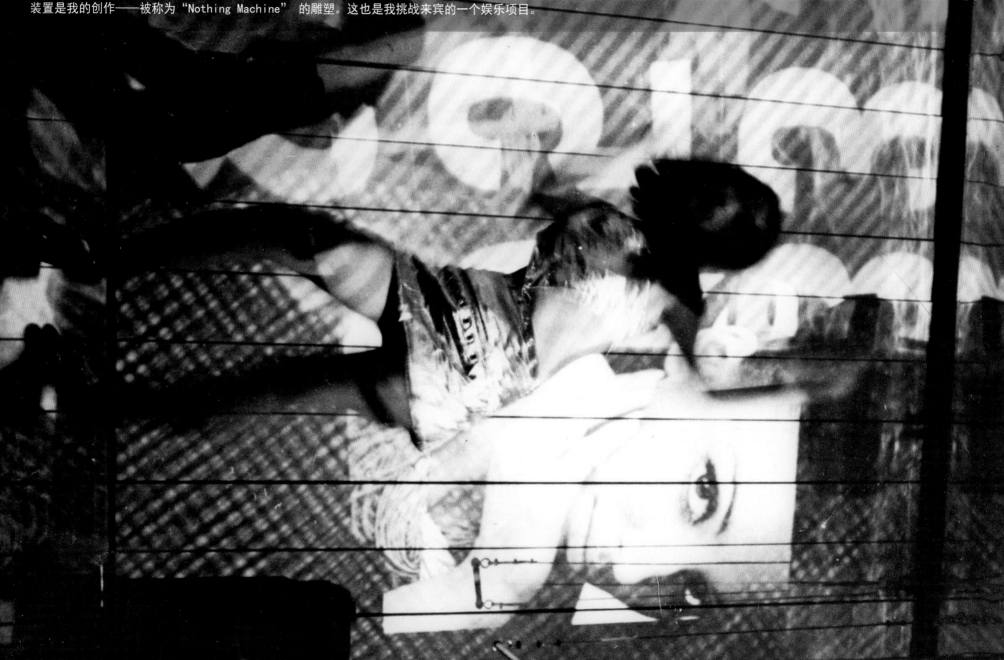

超越：玩耍机械的大空间　1968

“你必须超越。”在大阪我设计完成了由不锈钢、电气灯构架而成的机械空间。“超越人类“是其设计主题。这个空间看上去似乎全被一个外观像巨型计算机的装置所占据。这个装置是我的创作——被称为“Nothing Machine” 的雕塑。这也是我挑战来宾的一个娱乐项目。

号外

TRIP TALK THINK ASTRO=MECHANICOOL

OSAKA OVER GROUND

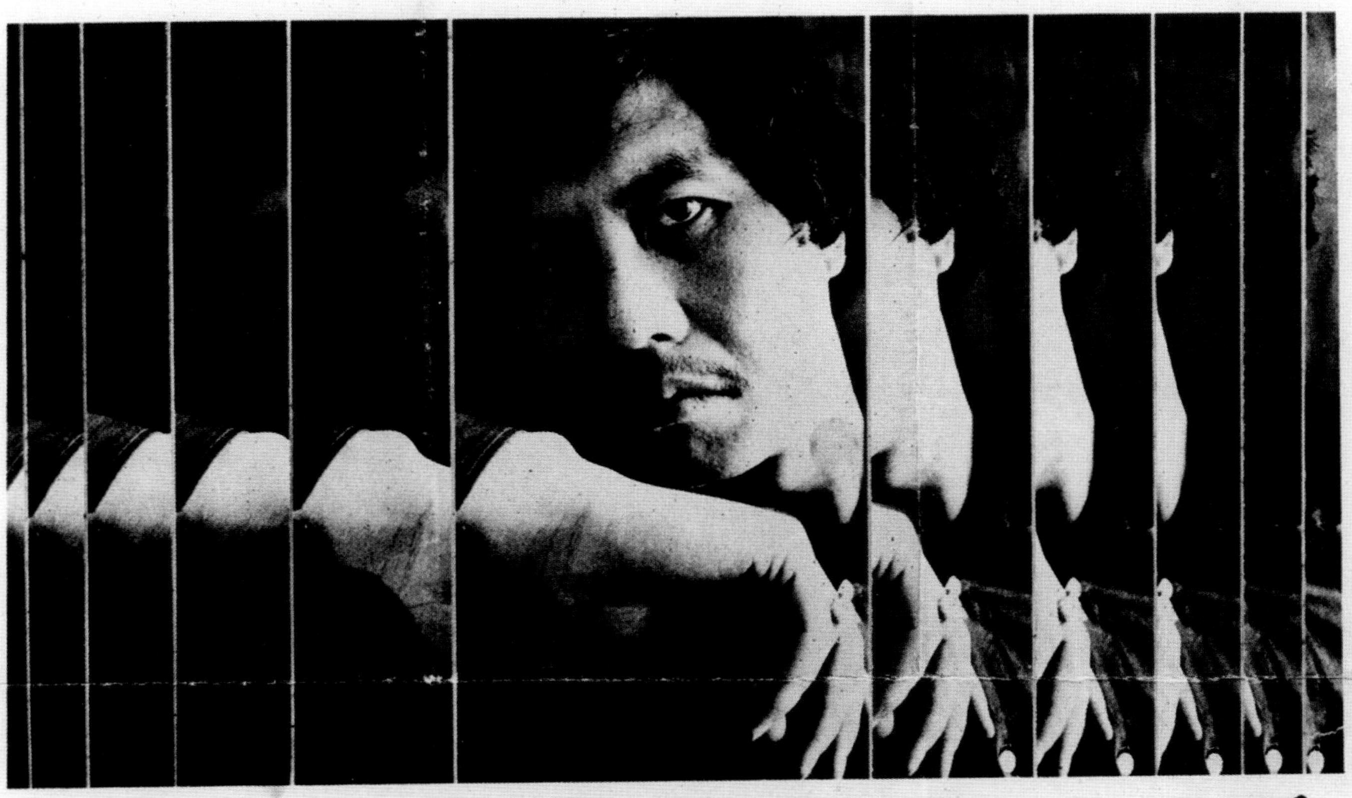

光・音・コンピューターが演出する大人の超ゴーゴー・クラブ

TRIP:TALK:THINK

ASTRO=MECHANICOOL

《アストロ・メカニクール》

9月28日オープン

1000人を上まわる収容人員660平方メートルの大スケール

サイケ時代を演出した浜野安宏が又々はなつ新しい文明、クールな世界
踊る、話す、考えるメカニックな神殿、アストロメカニクール

HOMO TRANSCENDENS
〈超越人間〉への新しい遊びの空間

単なるゴーゴークラブではない

大人のための超ゴーゴークラブと書いたのは現状では、他に内容を示すことばがないからです。もはや都市時代における遊び場は単一目的しか、もたないものはダメである。あなたはそんなものを求めてはいない。アストロ・メカニクールとは、機械的でクールで宇宙的な踊る場所であり、対話のできる社交場であり、現代や、未来や、自分について深く考える場所である。愛する場でもあり、芸術に親しむ場でもあり、酒をたのしむ場でもあり、音を聴く所でもあり、感ずるところでもあり、色も光も形も映像もあらゆるメディアがある。現代美術の最もアバンギャルドからコンピューター・システム。ガールハントもボーイハントもファションも全てまじり合うのだ。アストロ・メカニクールとは世界初の多目的空間なのである。

サイケの次も私が創る。

感覚の開放・認識の拡大をめざしてサイケデリック・アートの大衆文明化を進めて来た私の行動もこれで一年になる。曲解されたりしながらも、あらゆる現象の中へ深く根ざしていった。そろそろ新しい文明、新しい流行がほしい時、ここで私は、はっきりとした来るべき時代のイメージを公開する。それがアストロ・メカニクールだ。機械文明から逃避したユートピア的な方向がサイケデリックの精神文明であったが今度は機械環境に真正面からとりくみ、非人間的な空間や環境にこそ人間的な安らぎを覚えるようになった人類への新しい方向を提案する。「機械文明から逃げてばかりいないで、おもちゃにして遊んでしまおか。」というのが基本姿勢である。

HOMO:TRANSCENDENS〈超越人間〉への
TRANSCENDENTAL SPACE〈超越的空間〉

HOMO SAPIENS(理性人間)シェラー
HOMO FABEL(工作人間)シェラー
HOMO LUDENCE(遊び人間)ホイジンガー
HOMO TRANSCENDENS(超越人間)浜野安宏

マクルーハンのホットやクールやインボルブもしょせんホモ・ルーデンスの領域を出ていない。私はここで越える人間を提案する。ホモ・トランセンデンスになるための空間それがアストロ・メカニクールである。

大阪を選んだ理由

関西人の方が超越人間により近いことであり、くだらぬへりくつよりも真理を直感してしまうヒフ感覚の持主だからです。しかも'70年には万博がある。このアストロ・メカニクールは万博への関心の高まりを促進させ、大阪万博が世界で注目され、大阪が東京以上に国際都市として発展していくことを願っている。アストロ・メカニクールは万博が行なわれる全てのエスプリがもりだくさんに用意されている。アストロ・メカニクールは万博への促進であり、万博以後の国際都市"OSAKA"のための国際都市人のため欠くことの出来ない国際レベルの一大アミューズメントセンターであり、かがやかしい未来都市時代への、一大イベントにしたいものである。　〈浜野安宏〉

日本电视史上早间谈话节目的第一评论员 1966

每个周六的早晨，我都会出现在由关口宏、由美薰主持的TBS “青年720”节目中。评论员一般有横尾忠则、筱山纪信、滨野安宏和高桥睦朗。我还为所有上节目的来宾，包括乐队、文化名人等进行服饰造型搭配。

所有的商品都可以成为时尚商品

1970.12.21

所有产业都可以成为时尚产业。所有商业都必须成为时尚商业。我那本探讨文明的书已成了畅销书，我被各个领域的企业所瞩目，开始了全国巡讲活动。都市文明解放了人类，使人类社会从充足型社会向愿望满足型社会转变，而不断改变的愿望创造了新的产业机遇。

新聞
昭和45年9月6日 (日曜日)(日刊)
浜野安宏
ファッション化社会
流動化社会・ファッションビジネス・共感文化
糸川英夫氏 絶賛！
彼のファッション化社会論と
私のシステム論は
今日的な問題をとらえている点で
劇的な出合いである。
糸川英夫 組織工学研究所長 工学博士

謹賀新年。日常、風俗、流動社会。商売、芸術、雑、混和。情報活動、下剋上。研究、発見、現代、時間。暴力、肉体、解脱。教育、革命、性、平和。豊、強、戦、遊、幸、柔、合。統一、複合、貢献、知識。思想、崩壊、反虚構。無、意、核、巧、心、忍、美。変転、変動、転移、拡大。超越、領域、孤立連帯。合理、逆転、認識、解放。感覚、欲望想像力。破壊、変革、原点、創造。多元、体験、断続、思考。現実、触覚、頭脳、決断。因縁、因果、自然、都市。世界、夢遊、自我宇宙。昭和四十五年正月元旦、浜野安宏創作

—— 朗读这些文字，像读诵佛经一样，你将会发现日本70年代的社会状况。

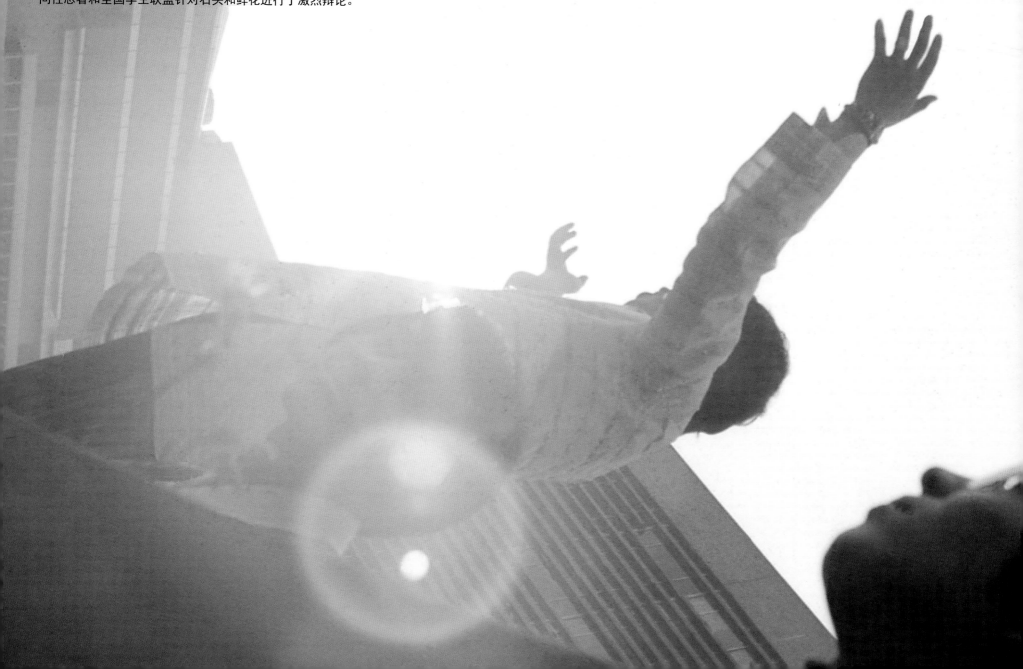

要鲜花不要石头！要时尚不要战争！ 1968.02.18

在苹果店的开业活动中，我运用了艺术偶发事件策划手法，策划了“奇装族”的亮相事件。渴望有趣活动的艺术家们聚在了一起，其中包括著名设计师、画家、诗人、电影编剧。同性恋者和全国学生联盟针对石头和鲜花进行了激烈辩论。

FASHION

时间就是价值。宣布200天后关门大吉的开业 1968

开业演讲。商店就是媒体。我前瞻性地看到，商店将不仅仅是购买商品的地方，更是游乐的空间、销售时间的场所。位于青山大街的这家商店开业了，其主要特色是“XX天关店”。诸如此类的实验性活动推动了青山地区的变化和成长。

この店は200日間しか営業しません。'68:12月15日⇒'69:7月2日閉店

古着族出現!! オシャレが動く芸術になった。

200日間の
文明と流行に
狂気の命を賭けた
行動する店!!

午後12時 12月15日開店

古着族集合 午後2時⇨4時
ハプニング場所
⇨青山200DAYS:TRIPSHOP銀
ハプニング形体
⇨集合と自由行為

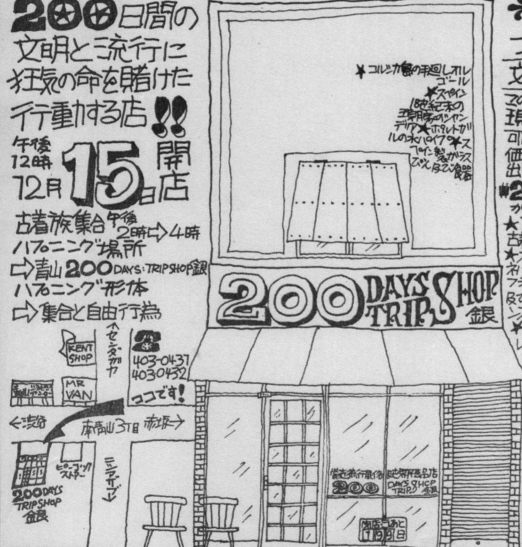

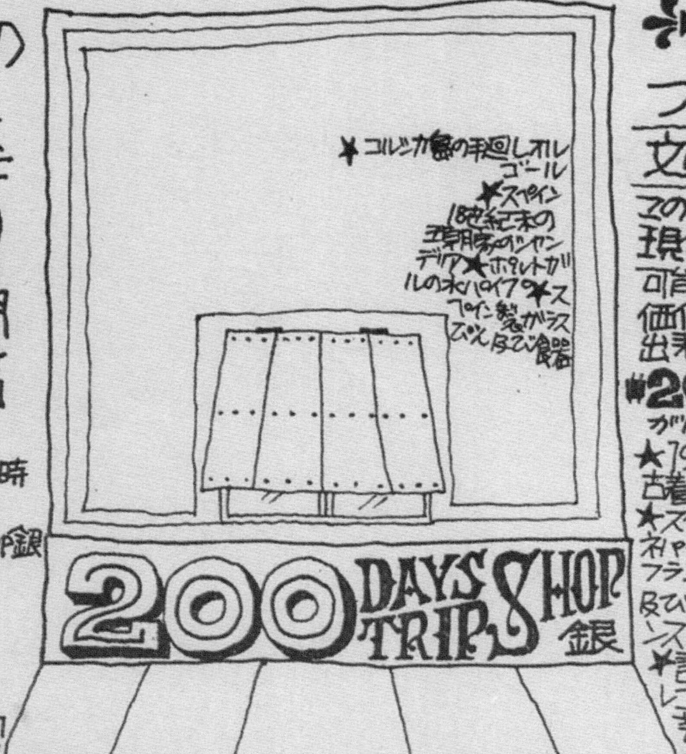

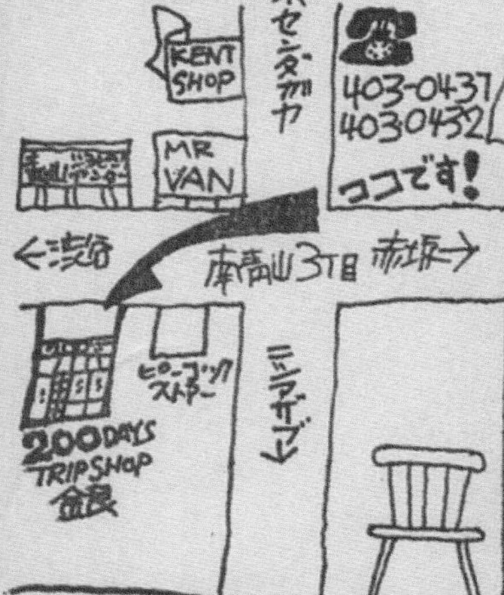

浜野安宏のファッション・イベントNO.5
文明批評的風俗行為

この店は古典でも骨董でも現代で再創造される可能性のあるものを新しい価値に生れかわらせることの出来るものを売る店なのです。

200DAYS:TRIP SHOP 銀が売る商品のごくほんの一部です。

★1930年代～40年代初期の世界の古着★大正末期・昭和初期の古着★スペイン・インド・メキシコ・ウルグワイ・ネパール・パキスタン・アフガニスタン・フランス・アフリカ・スイス等の民芸品及び民族衣装★イギリス・アメリカ・フランス・日本等の古物・骨董品★記念写真のストーリーつきのもの★古レコード軍歌艶歌など★世界の民芸陶器と照明器具〈ランプ等〉★時代ものビン★民族楽器★古時計★船の解体部品やアクセサリー★書物・時代もの広告パッケージ★古物マッチ★古着的イメージで作ったオリジナル・デザインのファッション★有名人の着ていた古着，又使っていた道具→ものによっては，サインやイラストつき。

その他ありとあらゆる現代人に心の旅をさせる商品山積!!

★横尾忠則さんの使ったT定規
★宇野亜喜良さんがパーティーで着たネイル・ジャケット。等等

商品一つ一つにストーリーがありそこから，お客ひとりひとりの新しいストーリーが始まる。この店の商品一つ一つにお話があります。そのお話のまま買うのではなくお客の心の中で次の旅へ出発させるのがネライです。。

◎手で集め手で売る，手づくりの店
200DAYS:TRIPSHOP 銀
大きな情報と世界がいっぱい
當世流行風俗古着及世界民芸品店

⟹3日おきに店へ来てもあきない店¡

"物理的必要からの人類の解放"

プロダクション⇒株式会社：浜野商品研究所 ‖ プロデューサー：浜野安宏

比阿玛尼早七年推出软西装外套 1969

那时恩瓦德坚山公司的男装打板师们，对于软西装外套特别抵制，为此我取消了全系列男装设计产品的生产。后来，我在大阪一家小规模的男装生产厂家（光阳被服，1969年）担任设计顾问。这家生产商允许我按照自己的想法自由创作，推出了“Dino's” 男装品牌。

CREATION

DINO'S

模特：丸山忠明

海报：意大利风格激发了靴子控们的购买欲　1969

60年代末，B1大小的海报成为最佳宣传媒介。海报上，当时的人气偶像麻生玲子像少女一样坐在那里，让靴子控们有试穿的冲动。“让服装说话。”我创意了意大利风格的服装造型—— L’ Uomo Vogue。制作公司将我的理念非常出色地展现了出来。靴子是我灵感的主要部分。

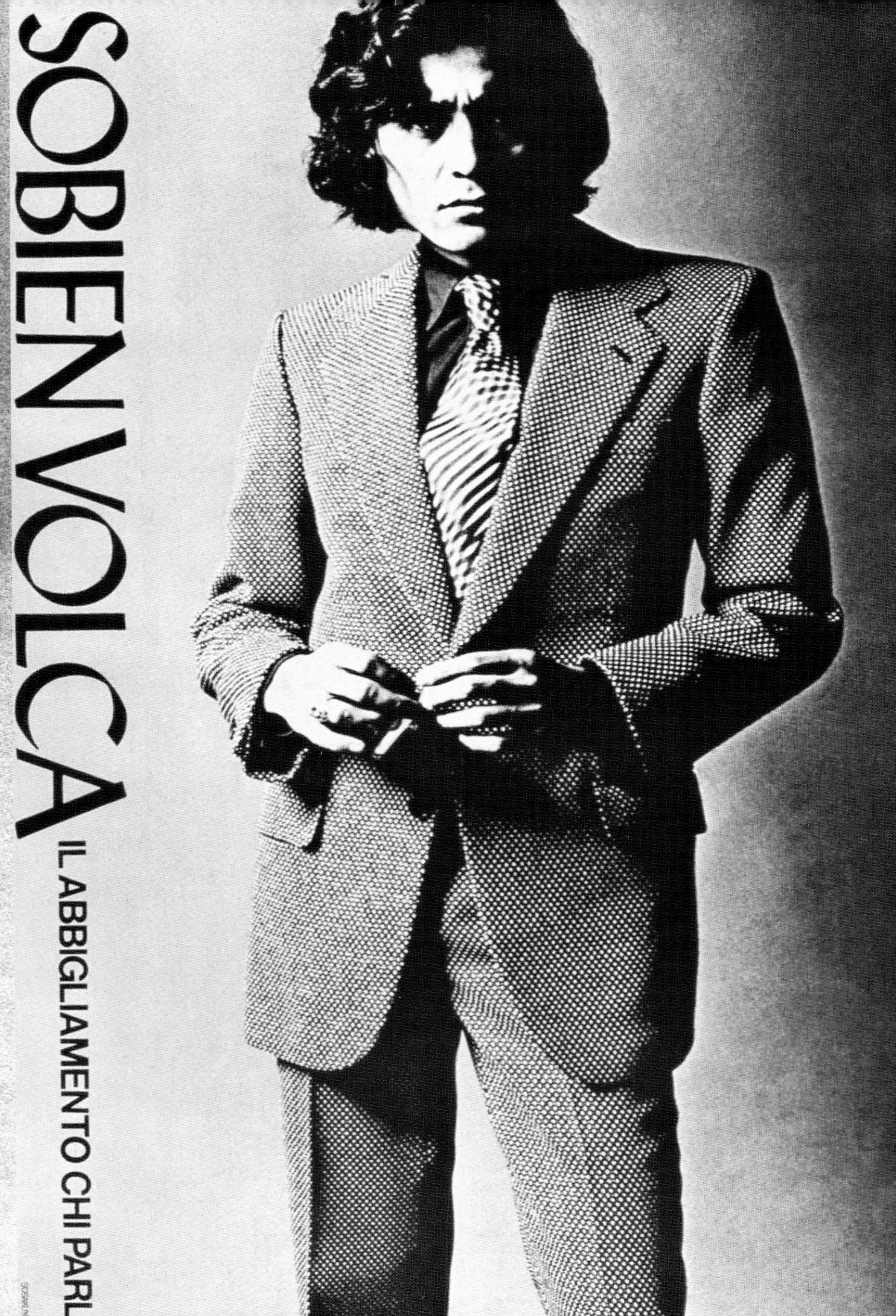
SOBIEN VOLCA
IL ABBIGLIAMENTO CHI PARLA

40年前的日本，男装的个性化 1971

自由竞争进一步推动了日本社会的“统一化”进程， 工作风格也变得千篇一律。已经形成了自己独特工作风格的人聚集在一起。北原进、加纳典明、滨野安宏、仁木哲、三宅一生、菊池公之助，还有一个朋友。摄影师、设计师、企业家……今天，创新一族引领着日本的未来。

NEW PEOPLE '71 jamp 日本紳士服向上連盟 japan association for men's wear promotion

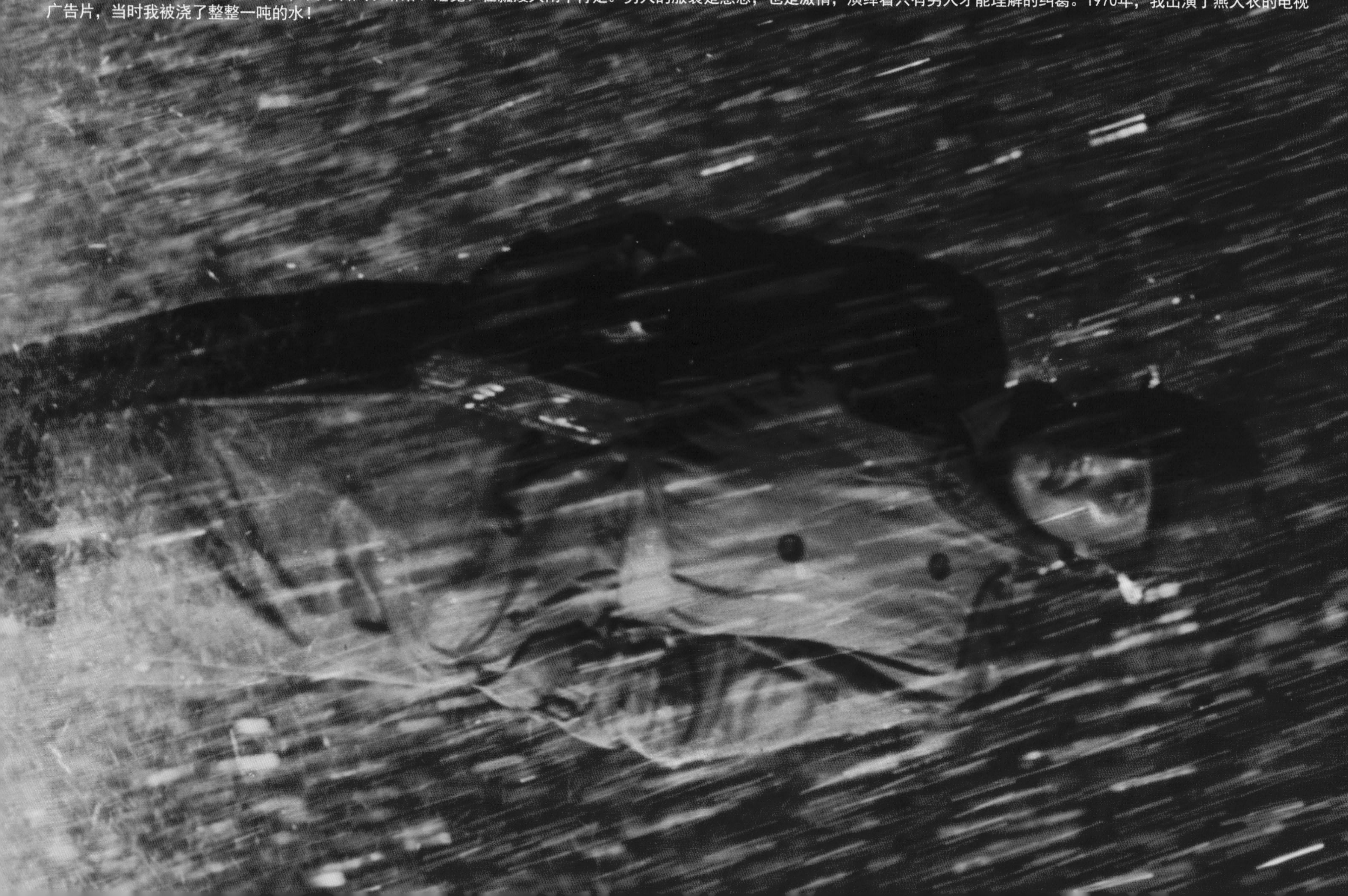

这个嘛……女性永远无法理解　1970

为了让风衣显得更帅、更引人注目，我穿着风衣淋浴、睡觉、在瓢泼大雨中行走。男人的服装是意念，也是激情，演绎着只有男人才能理解的纠葛。1970年，我出演了燕大衣的电视广告片，当时我被浇了整整一吨的水！

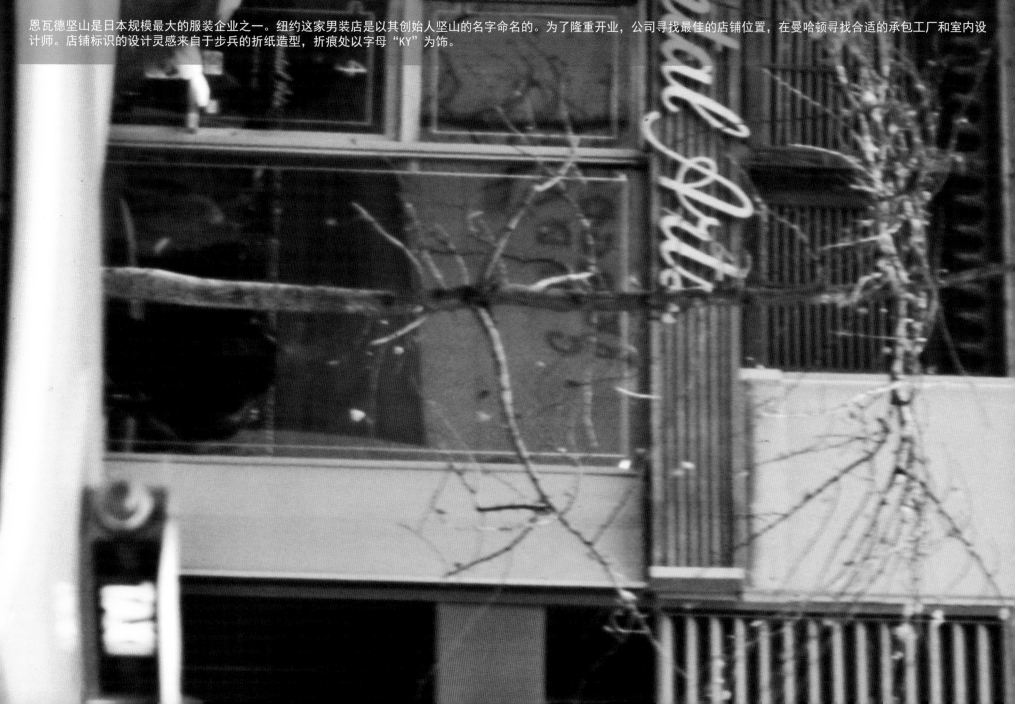

在纽约第五大道57街开设第一家日本男装店 1972

恩瓦德坚山是日本规模最大的服装企业之一。纽约这家男装店是以其创始人坚山的名字命名的。为了隆重开业，公司寻找最佳的店铺位置，在曼哈顿寻找合适的承包工厂和室内设计师。店铺标识的设计灵感来自于步兵的折纸造型，折痕处以字母“KY”为饰。

KASHIYAMA

夏威夷航线：花费99美元前往北美的99天旅程 1964

满怀着伊势丹会认同自己理念的信心，我用不多的钱开始了美国之行。我在街头遇到一个推销夏威夷航线的美国推销员，决定从横滨乘船去夏威夷。60年代中期，很少有人出国。那时候，1美元可兑换360日元。在基督教青年会住一宿要花5美元，一瓶可乐10美分。我告别了电影，去学习市场营销的要领。

——摄影：斋藤亢

说服戴高乐总统的扇形项目规划方案

从蒙波利埃延伸至西班牙边境的朗格多克一鲁西永海岸的旅游开发方案，打算全方位开发海岸线，建设一系列大型的休闲度假胜地。建筑家乔治·康迪利斯宏伟的规划方案是，从基础设施建设到各个战略要点逐渐连接，最终集聚成为扇形。这个方案很有说服力。我针对日本的余暇政策进行了介绍，并举办了专题讨论会。

101——通[illegible]发室主办的专题研讨会

在法国设立一个年轻的合资公司

我们在法国的第一个项目是策划一个招待会，迎接日本航空公司首次直飞巴黎的航班。我们向主要的度假胜地提供生活起居和顾客服务方面的建议。在尼斯附近的天使湾码头，我们介绍在主要的度假胜地项目中如何成功推销公寓的主要理念。那时我的合作伙伴让·克洛德·佩尔兰和我才20多岁。

PARIS-PRESSE-L'INTRANSIGEANT - FRANCE-SOIR

LES HOMMES ET LES AFFAIRES

Yasuo HAMANO et Jean-Claude PELLERIN :

« Une société de services "tous azimuts" pour hommes d'affaires en voyage... »

LES hommes d'affaires japonais et européens seront pris en charge désormais avant même leur descente d'avion par une société de services d'un type nouveau.

Cette organisation s'inscrit dans un programme d'échanges et de développement pour tout ce qui touche à la promotion et à l'information sur les affaires entre l'Europe et le Japon.

Elle offrira tous les services attendus par un homme ou un groupe d'hommes d'affaires à l'étranger :

Pré-études sous forme de documents d'information concernant les problèmes posés, « plannings » de rendez-vous, « timings » rationnels, services d'interprètes spécialisés dans les grands secteurs d'activités industrielles et commerciales, voitures avec chauffeur bilingue. Enfin, programmes étudiés — même sur le plan des prix — de manière à rendre les différents « contacts » le plus fructueux possible.

Ses promoteurs : Yasuo Hamano, P.-D. G. de la société Hamano Shohin Kenkuysho et **Jean-Claude Pellerin**, P.-D. G. de la société du même nom.

Un million de dollars

Objectif : atteindre au cours des 15 premiers mois du programme un chiffre d'affaires « en services » d'un million de dollars (5,5 millions de francs). Première étape avant la fusion effective : deux sociétés ont été créées à cet effet par chacun des deux partenaires : la R. E. P. P. (Relations Publiques et Promotion) pour Jean-Claude Pellerin et HEP (Hamano Europe Promotion) pour Hamano.

Les deux hommes avaient toutes raisons de se rencontrer dans une telle entreprise :

Yasuo HAMANO et Jean-Claude PELLERIN : moins de 55 ans à eux deux.

Depuis longtemps Jean-Claude Pellerin était familiarisé avec les problèmes des Japonais en Europe et leur souci de faire pièce aux Allemands grâce à une alliance européenne. Responsable de la promotion et des relations publiques de Georges Tranchant (Tranchant Electronique), Sony, Yashica (pionnier de l'électronique photographique), conseil enfin de Japan Airlines et des Automobiles Mazda (qui sont les seules au Japon à utiliser le moteur à piston rotatif Wankel).

Jean-Claude Pellerin a été d'autre part, avec le directeur de son département Japon, André Manardo l'organisateur du premier colloque franco-japonais (présidé l'an dernier par M. Michel Debré et M. Matsui ancien ambassadeur du Japon à l'O. N. U. et actuellement en poste à Paris. Le thème était : l'agressivité économique japonaise).

La seconde édition du colloque sera rehaussée cette année par des personnalités telles que M. Ichiro Sato, secrétaire d'Etat à la Planification qui a été — chose peu connue — le grand ordonnateur du fameux miracle économique japonais.

Yasuo Hamano est, pour sa part considéré comme le chef de file incontesté des jeunes-turcs du « marketing » et du « merchandising » en raison de ses théories révolutionnaires, de l'impact de ses opérations promotionnelles des productions télévisées qui portent sa marque.

Révolutionnaire

Membre à part entière du « brain-trust » Toyota, numéro un japonais de l'automobile, dont il assure toute la conception, la commercialisation et la chargé de la conception, la création, la commercialisation et la supervision du département Tricots et Jersey de la Daitobo (plus de 110 millions de chiffre d'affaires), marketing consultant de la chaîne de grands magasins « Isetan » (qui équivaut à notre « Printemps »), responsable de la totalité du programme reconversion et promotion de la zone de Kusatsu (premier ensemble mondial station thermale-station de ski couplées), enfin responsable de la promotion de Suzuya, la seule chaîne de boutiques de haute couture proprement japonaise...

Révolutionnaire patenté Yasuo Hamano a répandu au Japon le concept de « nouvelle famille », concernant des gammes de produits neufs adaptés à « la famille à l'occidentale », car les bouleversements sociaux imposés aux pays du soleil levant par la société de consommation ont totalement bouleversé l'échelle des valeurs sur trois plans : loisirs, rapports hommes-femmes et « modernisation » de l'enfant (les revues destinées aux « 4 ans » décrivent la guerre atomique).

Voici comment tous deux expliquent le but de leur organisation :

« A l'heure où le monde entier a les yeux fixés sur l'exposition universelle d'Osaka, un homme d'affaires étranger en voyage à Tokyo, perd, la moitié de son premier séjour à se familiariser avec l'éthique et l'étiquette nippones.

» Il en est de même pour le businessman japonais en visite à Paris : ce n'est ni un problème de guide, ni un problème d'interprète, c'est une question d'atmosphère.

» Pour remédier à cet état de choses, il fallait mettre de plain-pied, dans une « ambiance rentable » l'homme d'affaires français dès sa descente d'avion au Japon, et vice-versa, grâce à l'exploitation réciproque de l'important fonds de méthodes, de « contacts d'affaires » et de relations publiques que pouvaient mettre en commun une société de services japonaise, et son homologue français.

» Pour cela nous avons créé une société de services « tous azimuts ». »

Claude TEMPLE.

Crise sur

JOURNAL DES SOCIÉTÉS

WALL STREET

'70. 4. 18／「フランス・ソワール紙」(仏)

在濑户内海的填埋地打造地中海小镇 1990

与关西机场仅有一湾之隔的淡路岛，有一块闲置的填埋地。关于这块闲置空地的利用，我提出了一个生活用地的策划方案，得到了长谷工、神户钢铁、川崎钢铁、三井物产和三井商船等五家一流企业的支持，并决定开展大规模的联合开发。此项目的规划内容包括建设带有泊船码头的商业设施、公寓、高端别墅等一系列开发计划，街道、住宅、商业设施全部沿水而建。这是一个将工业用填埋地转型为生活用地的大规划。

淡路岛休闲地开发规划 策划：滨野安宏 基础设计：乔恩·杰尔德

让浮现在眼前的梦中风景成为现实 1987

在漆黑的海面上漂浮着一座欢快的都市。一天清晨，我用了30分钟将浮现在脑海中的博多湾码头夜景描画了出来。我找到福冈市的市长，直接问他："想不想将博多湾码头变成一个欢快的码头？"在与政府管理部门的反对者进行周旋的同时，我也动员了当地的年轻人积极参与，终于大家齐心协力实现了这个梦想。只要一心一意地去做，梦想就肯定能实现。因为the vision in my mind——脑海里的意念促成了奇迹的实现（见下一页）。

坚持，梦想就会成为现实

1991

决心要实现脑海中的那幅夜景，我着手配备人手，考虑舞台背景和观众。对项目越投入，就越能吸引更多的人员与资金。这个想法是否最终只是个梦想，还是会引起时代的变革，这取决于有多少人与你产生共鸣。

福冈·博多码头海滨开发　业主：福冈市　综合策划：滨野综合研究所　设计：北山孝二郎　图片提供：Nacasa&Partners　摄影：二木基

福木环绕的村庄:我的巴厘岛规划方案的起点 1972/2011

冲绳归还日本后的第二年，即冲绳国际海洋博览会的前两年，通产省派我前往冲绳对博览会选址的周边环境进行考察，丰田汽车公司对我也寄予厚望。位于冲绳本岛前端有个叫备濑的村庄，处处长着茂盛的福木，我深深爱上了这里。40年后我在这里建造了我梦中的房屋，也说服了这个村庄对景观进行整治。

就在那林中的水边

——福木树下是一片不到三层楼高的房屋，与大自然融为一体。

保护文化，不能让巴厘岛成为第二个夏威夷 1972

在冲绳的度假村开发规划中，福木环绕的备濑村庄深深地吸引了我。在备濑村庄的发现也激发了我对于巴厘岛项目的灵感。当时，在丰田的中长期企业战略研究中，我们正在以巴厘岛为范例进行国际度假村的研究。当时巴厘岛的努沙杜瓦度假村正在进行方案招标，我决定以备濑村为模板，采用低调的开发方案来保护巴厘岛的文化。我倾尽全力制作的规划方案最终拔得了头筹。

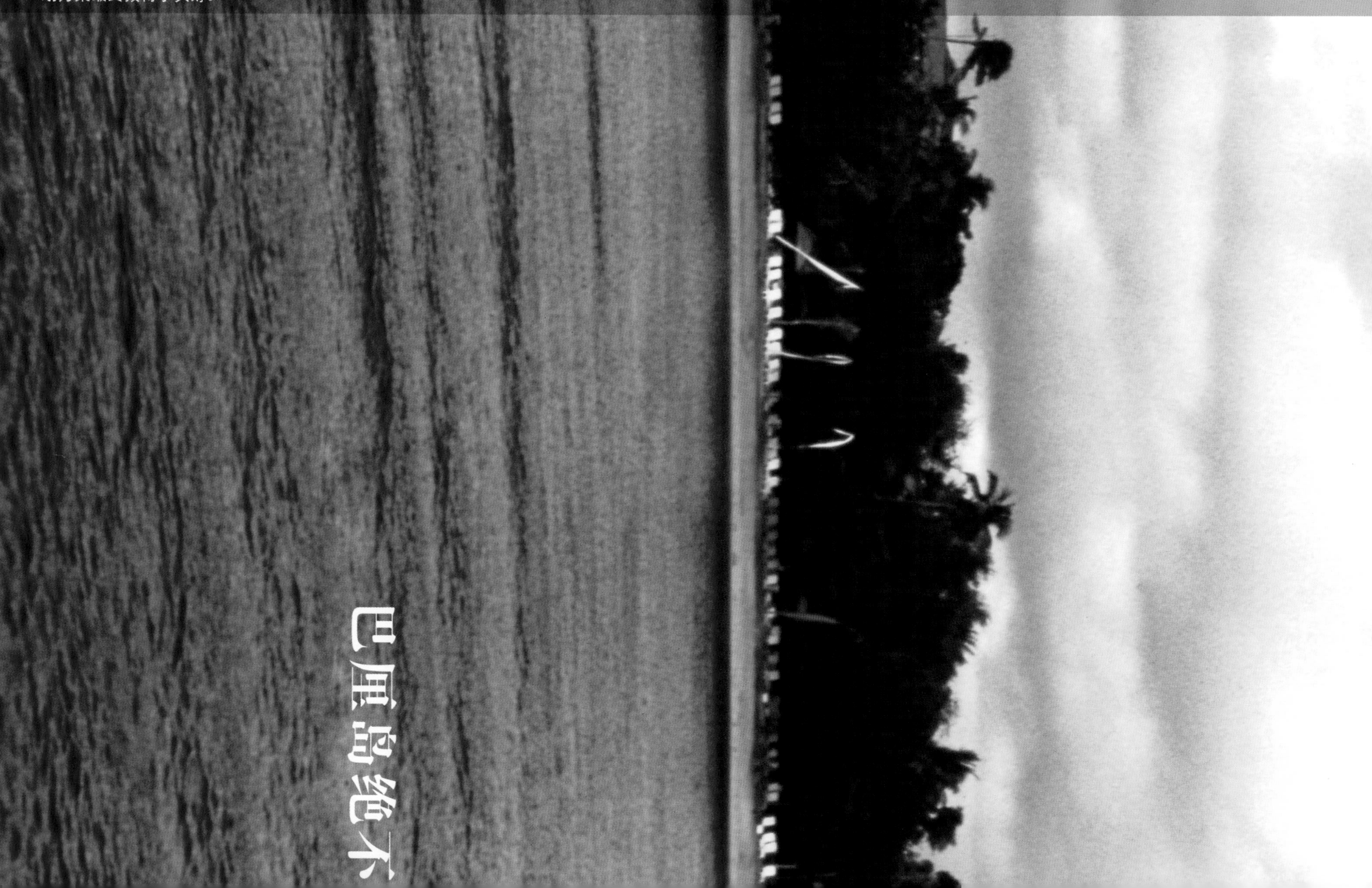

巴厘岛绝不

成为第二个夏威夷

巴厘岛的努沙杜瓦地区按照我的理念进行了开发。整个巴厘岛对景观进行了整治，因此没有因过度开发而丧失其独特文化。

我的理念挽救了巴厘岛的未来 1972

《日本经济新闻》在晚报的头版报道了我在世界银行资助的努沙杜瓦度假村方案竞标中获胜的消息。那是1972年，那时日本人被讽刺为“经济动物”,而我作为一个日本人，完了那些生态学家和世界顶级顾问。

日本経済新聞
夕刊
発行所 日本経済新聞社
東京本社 〒100 東京都千代田区大手町1-9-5 電話(代表)(03)270-0251 振替口座 東京555番
大阪本社 〒541 大阪市東区高麗橋1-1 電話(代表)(06)231-8201 振替口座 大阪73217番
西部支社 〒812 福岡市博多区住吉2-3-1 電話(代表)(092)28-4931 振替口座 福岡1248番
©日本経済新聞社1972

企画・管理権を一手に

インドネシア・バリ島の大規模観光開発

日本企業が一番札獲得

わが国の中堅コンサルティング企業グループが、有名な観光・レジャー基地である南太平洋・バリ島（インドネシア）の大規模観光基地開発プロジェクト計画案をめぐる国際入札で一番札を獲得、このほどインドネシア政府、借款を供与する世銀との間でそれぞれ正式に契約した。政府関係筋が四日明らかにしたところによると、パシフィック・コンサルタンツ社（本社東京、社長河野康雄氏、資本金一億四千万円）はトヨタグループ系の現代文化研究所、浜野商品研究所、ジャパン・シティ・プランニング三社の協力を得て同国際入札に応札したが、この結果西独、フランス、オランダ、カナダ、オーストラリアの五カ国の一流コンサルティング会社を押えて一番札になった。わが国の企業グループがこの種の国際的な大規模開発プロジェクトの計画づくりや企画管理権を獲得したのはこれが初めてである。

「自然と調和」決め手に

わが国企業グループが受注したこのプロジェクトは、インドネシア政府によるバリ島全島の産業開発、観光開発、自然・環境の保護、バリ島特有の文化・伝統的資産の保全などを内容とする総合開発計画の一環で、こんどの受注はその第一弾。同プロジェクトはバリ島最南端の半島部ヌサドゥア地区約三千五百万平方メートルの広大な地域を対象に多目的開発をしようというもので、第一期工事の総投資額は約五千万ドル（百五十億円）の予定。

この種の国際入札は一般的な施設・工事などの入札と違って、価格よりも基本的な考え方、企画力、アイデアがポイントになる。特に、この種の開発プロジェクトでは環境保全と開発形態をどこで調和させるかが最大のカギとされている。

わが国の企業グループはこの点を最も重視して、観光公害の未然防止、自然と開発の調和、伝統と近代化の融合などを基本方針として「バリ島を第二のハワイ（悪い開発例）にするな」というスローガンを掲げたが、これが一番札獲得の一つの決め手となった。

同グループの計画案はこのような基本方針をもとに、計画地域に①道路網をはじめ、上下水道など各種公共施設を配置する②二千室に及ぶホテルなど宿泊施設を完備する③海上レクリエーション基地ヨットハーバー、ゴルフ場など各種レジャー施設を整備する④電気自動車によるレンタカーやバスなど交通サービス網を確立する⑤自然・環境の保護を重視した自然植物園、自然動物園を造成、建設する——などを予定している。特にバリ島はヒンズー教をはじめ、各種の宗教の影響がまじり合った特殊の美術、建造物、音楽、舞踊など文化的遺産も豊富なので、その保存にも細心の配慮をしている点が世銀筋に好感を持たれたという。

わが国の企業グループが契約した受注内容は、同プロジェクトの最終的な企画・立案、設計、調査・研究など実施計画の策定と、施工の入札管理、さらには施工管理を含むいっさいの企画・管理業務で、同業務に対する報酬は総投資額の数パーセントになるものとみられる。施工の国際入札は今秋の予定なので、同グループはそれまでに実施計画の策定を急ぐ方針。ただ、計画、管理部門をわが国が獲得したことは施工部門の国際入札でもわが国に有利に働くものとみられている。

バリ島には日本航空が五十一年までに路線開設の意向を固めているのをはじめ、わが国観光・レジャー関連資本の間では最近同島に対する関心が急速に高まっていることもあり、これを契機に同島への日本企業の進出が一段と早まりそうである。

大石長官、精力的に動く

国連人間環境会議

国連人間環境会議の日本政府首席代表大石環境庁長官は五日の開幕を控え、三日のストックホルム入り後直ちに活発な"環境外交"に乗り出した。同長官は四日、まずストロング事務局長、次いでニュージーランドのマッキンタイヤ環境相と会い国連環境基金の分担金問題、フランスの核実験を含めた核実験禁止のアピールなどについて話し合った。大石長官は引き続き五日午前八時（日本時間同午後四時）環境会議の本会議議長に予定されているスウェーデンのベンツソン農相と会談、さらに六日にはトレイン米首席代表とも会談する。（関連記事2ページに）

大石環境庁長官

代表演説で表明へ

「基金」の10％きょ出

【ストックホルム四日＝浅井特派員】大石環境庁長官は四日ストックホルムの宿舎グランドホテルで国連人間環境会議のモーリス・ストロング事務局長と会談し、国連環境基金へのきょ出金問題について話し合った。これによるとまず同事務局長は日本に対し総額の二〇％または五年間二千万ドルのきょ出を要請、これに対し大石長官は「非常にむずかしいが、一〇％まではきょ出するよう努力したい」と答えた。

その要請にあたってストロング事務局長は「日本は環境問題についても先進国であり、環境問題の解決、あるいは今回の会議の主導権もにぎっているので、きょ出金についても率先してはっきりと額を示してほしい」と述べた。このため大石長官も六日午前の代表演説の中に「一〇％をきょ出する」方針を明らかにする意向である。

会議後の記者会見で大石長官は「日本が指導力を発揮しなければ会議も成功しない。事務局からは出来るだけの財政援助をしてほしいとたのまれたが、国連分担金の割合からみて一〇％のきょ出でも十分と考えられる」と語った。

核実験禁止のアピールを

ニュージーランドが要請

【ストックホルム四日＝梶田特派員】ニュージーランドのマッキンタイヤ環境相は四日、大石環境庁長官と会い「国連人間環境会議で核実験禁止のアピールをしたいので日本も協力してほしい」と要請した。

…ルのメイア首相（左）と会う（AP＝共同）

テルアビブ空港事件で

遺族に弔慰金出す

福永特使、メイア首相に申し出

【エルサレム四日＝行木特派員】福永特使は四日、エルサレムの首相官邸にメイア首相を訪れ、陳謝の政府声明したあとプレスセンターで記者会見を行なった。同特使によれば四十分にわたるメイア首相との会談では、まず佐藤首相の親書を読んだメイア首相が「佐藤首相の気持ちを理解し、日本がすみやかに措置をとったことに感謝する」と述べた。これに対し福永特使が、犠牲者、被害者におくやみとおわびを述べるとともに、イスラエル国民および全世界に陳謝したいとの気持ちを表明、さらに「日本政府の誠意の一端として、犠牲者の遺族に弔慰金、負傷者に見舞い金を贈るとともに、迷惑をかけたイスラエル国民には"赤いダビデの盾"（赤十字社）に日赤を通じて適当な金額を寄付したい」と申し入れた。これにはメイア首相は「日本政府の措置を快く受け入れたい。この事件を通じて、両国関係は一層緊密なものになるだろう」と答えたといわれる。

記者会見の席では、イスラエル記者が犯人の身柄引き渡し、今後の日本・アラブ関係について質問を行なったが、同特使は「犯人の引き渡しをイスラエル政府に要求することは予定していない。またアラブ諸国に対する経済ボイコットも考えておらず、アラブに対して何らかの申し出をするかどうかについては、現在研究中だ」と答えた。また弔慰金の金額については「恥ずかしくない額で、納得しうる額になろう。相当の金額になると考えてもらってよい」と語った。（関連記事2・11ページに）

福永特使、帰国の途に

【テルアビブ四日＝行木特派

あすへの話題

物理的な衝突

西尾幹二

今の若い人たちは本屋へ行って何を読んだらいいのか、すぐにはわからないに違いない。それほど雑多な本があふれていて、次々に出版される。たった一冊の本に向かって青春の情熱をたぎらせるなどということがしだいに出来にくくなっている。恵まれすぎて、かえって不自由である。

若い人は勉強しようと思えば今はいくらでも出来る時代であるのに、落ちついて静かに勉強し、自分に沈潜することが容易ではなくなっている。これまでの歴史で富と過剰に慣れてきた国民なら、適当な自己抑制をする知恵をちゃんとわきまえているのだが、なにしろ日本人は、昔から貧と欠乏の論理で自分の人生観を組み立てることをほとんど習慣として来ただけに、いま内心分別を失いかねているのかもしれない。

戦後の何年目ぐらいであったろうか。キスのシーンがはじめて映画のスクリーンに登場したとき、日本の観衆に対して、ショックを与えたといわれる。それはガラス越しのキスという、今から思うとずいぶん遠慮がちな、純情なものであった。その後少したって石坂洋次郎の「若い人」「青い山脈」などの文学生の新鮮なエロティシズムの映画が人気をよんだ。その時代あたりまでは、性的なタブーとして隠されていた神秘のベールは新しい映画が出るたびに一枚一枚はがされていくという、そういう動きが一つの習慣をなしていたように思う。

一体いつごろであろうか、奥にあるもの、守られている暗い影を一枚一枚はがしていく形で新しさを出していくという進行状況が急速にくずれ、刺激は刺激を求め、歯止めがなくなり、露骨さがついに極限に達したのは。そしてそのあとには虚脱と反復しかない。私はなにも映画のことだけを言っているのではない。日本のことだけを言っているのではない。現代そのものがミスティシズムを失った時代なのである。

世界中が均質化し、コカコーラ化し、物化して、神秘なものへの冒険がない。ある制約があって、その制約の中でわずかながら解放されるものがあって、はじめて自分というものが生きてくるのに、制約がぜんぶとりはずされると、自分を生かすすべがない。ただ生理的に少しでも前進したもの、少しでも刺激の強いもの、というところへ気持ちが集中する。不毛なラディカリズムがうまれる。さいごは赤軍派の出現をみるわけである。

地球上には一定の分量のエネルギーの発散と物理的な衝突というものが必要なのだろうか。認識の上で制約がなくなった宇宙に人類が近づくにつれ物理的な衝突は増大するかもしれない。最近は人間の行為というより物と物との衝突する音をきくような出来事がじつに多いのである。

（文芸評論家）

カットは望月春江

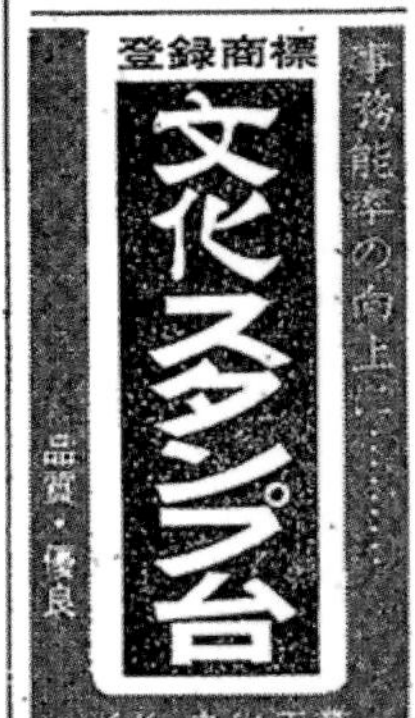

——规划：滨野综合研究所、日本城市规划、崇高太平洋顾问有限公司　特别顾问：吉良竜夫（森林生态学家）

成为巴厘岛的卫士：全力捍卫巴厘文化 1980

巴厘岛的街道上弥漫着生活气息，母系农耕社会和巴厘岛的印度教仍然活跃在这里。岛上有2000多处寺院，能为人生的每个节点提供富于个性与独创性的祭祀：祈祷丰收、感恩、新生儿诞生、成人仪式、结婚……自然的节奏在此缓慢流淌。我深深地迷恋巴厘岛的过去，但现在依然关注着它的点滴变化。

摄影：内藤忠行

欧洲文明的终结，未来的未来就是现在　1980

我们蒙古人种不仅发现了亚洲，而且发现了美洲大陆，并且自古就在这广袤的土地上过着幸福而文明的生活。今天，遍布全球的欧洲文明已经达到其极限，而未来就在于与自然的共生。直到今天，这仍然是蒙古人种的生活方式。我走遍了危地马拉、秘鲁、巴厘岛、拉贾斯坦邦和拉达克等地，收集生活器具和服饰，并拍下了10万张照片。

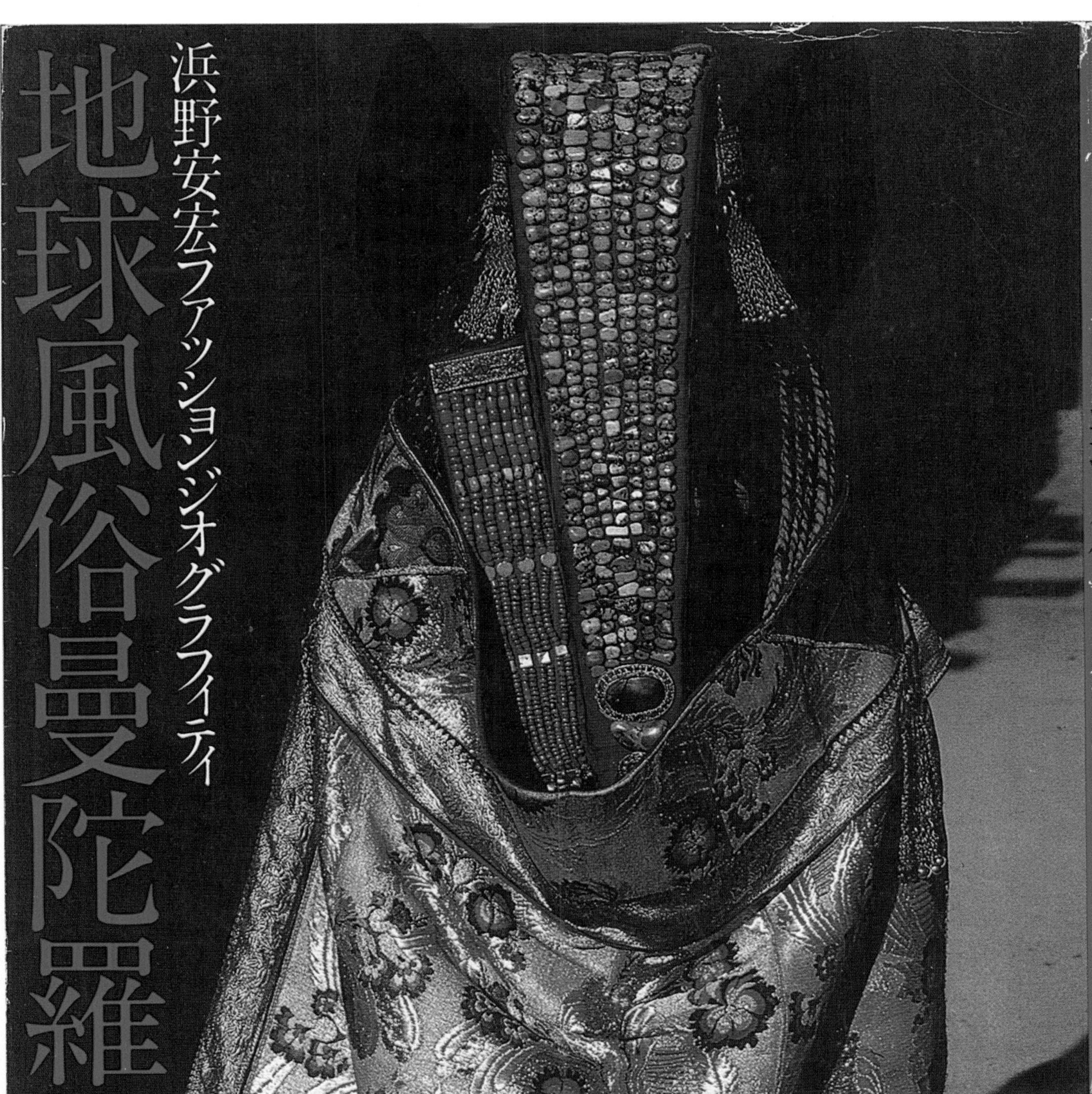

地球風俗曼陀羅
浜野安宏ファッションジオグラフィティ

デザイン界の鬼才・浜野安宏 1981年

毎日デザイン賞受賞

梅棹忠夫 国立民族学博物館長

新鮮で強烈な本ができてうれしく思っている。浜野氏によってこの本の中に登場させられた人たちは、よそおいも、顔かたちも、わたしたちとはまるでちがっているが、みんないま現在、わたしたちと一緒に、この地球上のどこかで生きている人たちである。この本は、人類の現状の率直な記録であり、まさにいまやっておかなければならない大事な仕事である。かれはこの写真集のために、年間驚くべきバイタリティで地球上をかけめぐり、五万枚以上の写真を撮ったという。かれはこれをジオグラフィティというが、これこそまさしく地球の、そして人類のグラフィティとして貴重な資料になるはずのものである。

三宅一生 デザイナー

なによりもまず、浜野安宏という一人の人間の役割を明らかにすることが、この写真集を物語ることになる。私は彼を時代を造形するデザイナーだと思う。デザイナーとは生きてゆくよろこびを表現し、なおかつ社会に欠けているもの、社会が必要としているものを人々に提起する役目を担う。私はこの写真集の中に、物質的創造ではなく、人間性の創造をめざす一人のデザイナーの熱い情熱と、あたたかい血の流れを感じた。淡々とした一枚一枚の写真の中に、対象の中にとけこんでしまっているふれあいとやさしさを見た。

 —— 综合策划、企划、构图、文字：滨野安宏　摄影：内藤忠行　设计：八木保

壮观景象：展示人偶与观众浑然一体 1982

在欧洲文明支配世界之前，人类的生活是自然、舒适和惬意的。现在这种生活方式也依旧充满着活力。行走在穿着漂亮衣服、身高与面容相似的人偶间，在喜太郎原汁原味的音乐中释放感官，在与各色各样的民族服装的邂逅中增长见识。四周墙上的镜子和光亮的地板，所有这一切都融入了曼陀罗的宇宙之中。

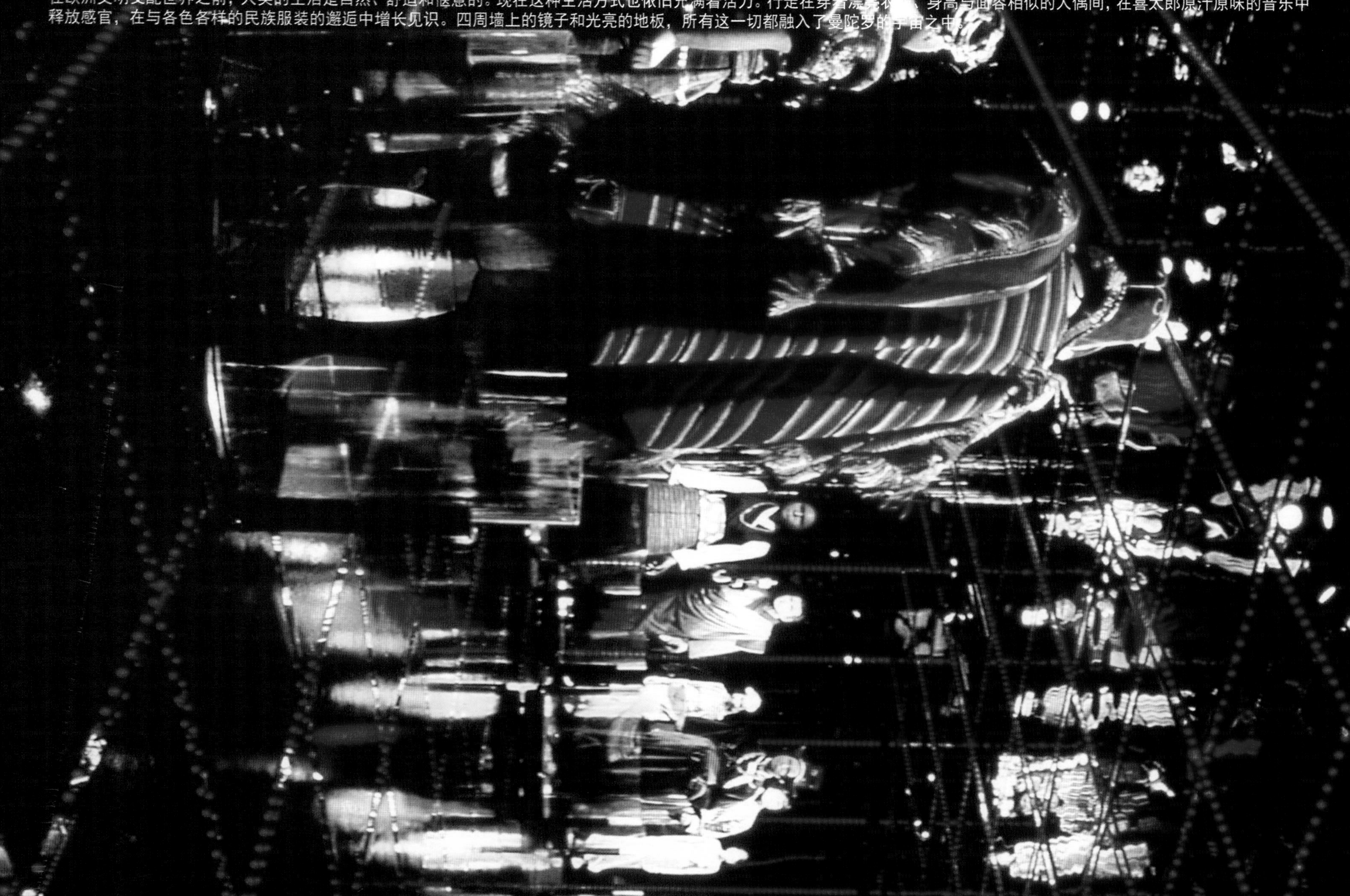

兴奋的宾客们也踏起了舞步，仿佛世纪之末的狂欢 1985

举行时尚展览的武道馆里座无虚席，全体观众都兴奋地跳起舞来。这标志着这个世纪——“鸡尾酒时代”的终结。我成功策划过许多场这样的活动。极度兴奋的观众开始手舞足蹈。不出所料，警察们跑进来试图控制场面。他们打开所有的灯，拉开所有的幕布。此刻，我情愿被他们戴上手铐……

JPFC赞助企业：帝人、东丽、可乐丽、东洋纺、旭化成、尤尼吉可、三菱丽阳、嘉娜宝
参与设计师：越野顺子、佐藤孝信、菱沼良树、石川吉野

身体意识的流行起点

1985

阿根廷探戈在百老汇掀起了一股热潮。在日本公演之前，我邀请了两位重量级的舞蹈家，让他们穿上华丽考究的舞衣，同时我也邀请了百老汇之外前卫的舞蹈家，向大家展示身体意识的时尚创意。这场展示会在三得利音乐厅举行，来宾皆须着正装出席。

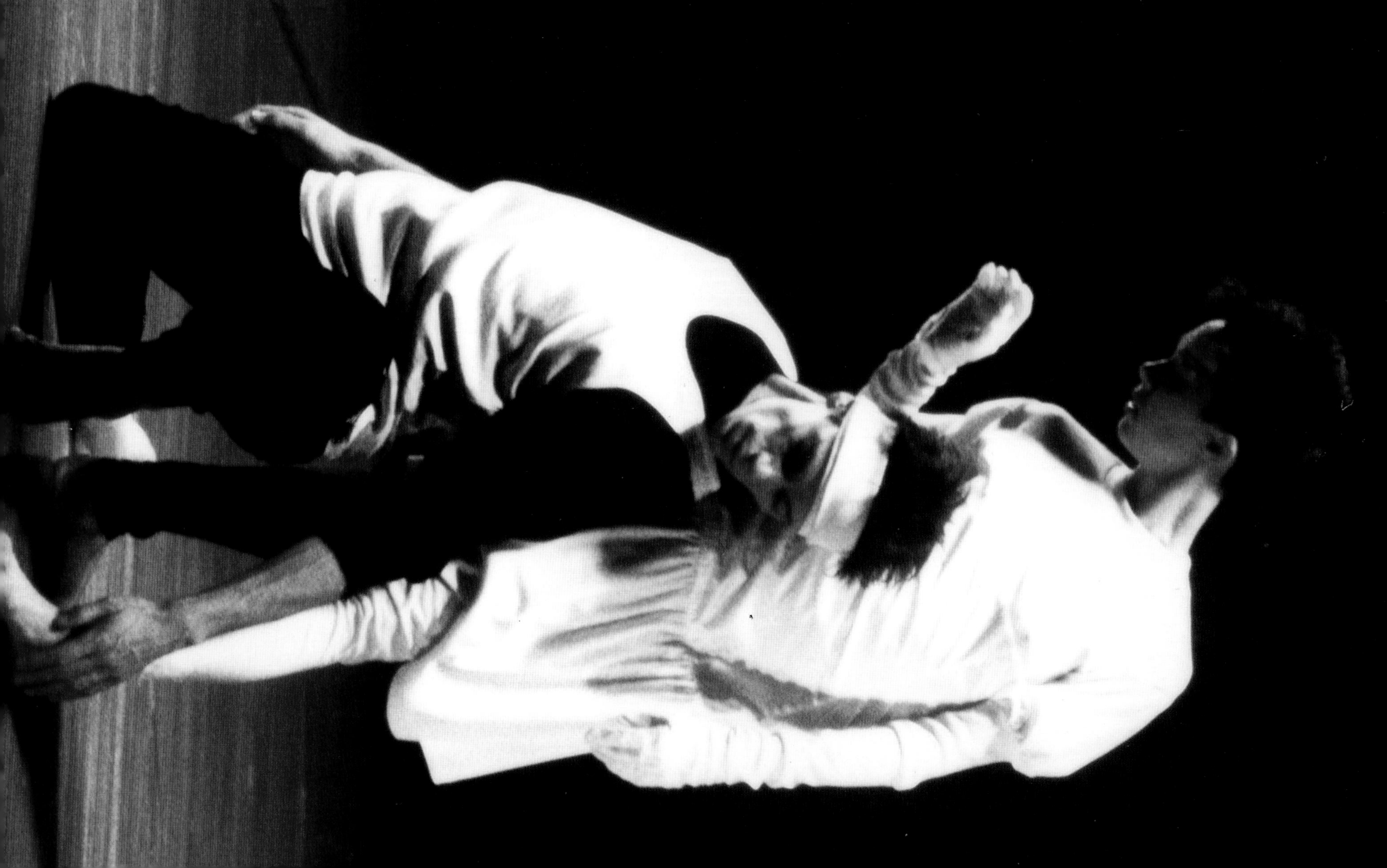

参与设计师：花井幸子、田山淳郎、佐佐木康雄

JPFC赞助企业：帝人、东丽、可乐丽、东洋纺、旭化成、尤尼吉可、三菱丽阳、嘉娜宝

发自内心而非勉强的笑容 1990

在我的协助下，林林马戏团的小丑学院顺利进军日本。我想要告诉日本人，为观众投入地表演才是最宝贵的，而不是勉强挤出笑容、说那些粗俗的笑话。我还计划以小丑学院的一个女生为主人公拍摄一部电影。在国际园艺植物博览会场馆，由邮政省和日本电报电话公司共同主办的活动中，小丑学院的毕业生们的表演获得了极大成功。

从项目策划到最终实施：工商会议所的新事业 19

当时五岛升先生（时任日本工商会议所的会长，现已过世）拜托我协助他筹划成立“东京时尚协会”。我以极大的热忱投入到该协会的策划、发展规划以及标识和宣传册的设
工商会议所能够聚焦于时尚，真是太令人兴奋了。我心中的理念终于得以实现。

Tokyo Fashion Association

Tokyo Fashion Association

the Continual Creator of New Life-styles

（原文）

我尊敬的企业家五岛升先生派给了我一个紧急任务，让我负责“东京时尚协会”的策划、事业规划，并设计制作协会的logo、手册等工作。我集中力量，全力以赴。工商会议所能聚焦时尚领域，作为“时尚化社会”的发起者，我感到非常欣慰。我的意愿终于成为现实了。

独占卢浮宫装饰艺术馆三个月 1987

三宅一生和我曾经常在杂志上论战。我希望推出“每天穿的衣服都是美的”这一设计理念的服装，而三宅先生则提出服装应产生视觉冲击力的建议。后来，他去了巴黎，我也因工作满世界游走。看到三宅先生从巴黎归来后举办的服装展后，我明白了，时装的舞台应该交给三宅，因为环境领域与都市规划才是我发挥才干的舞台。当时我是“三宅一生A UN”展览的东京顾问。

OFFICE: 1-23 OHYAMA-CHO SHIBUYA-KU, TOKYO 151 TEL: 03-481-6572 FAX: 03-481-6410

RE: ISSEY MIYAKE A ŪN, an exhibition at the Musée des Arts Décoratifs in Paris from October 5 to December 31, 1988.

The final stage of preparation, the installation, and the printing and mailing of posters are proceeding well. The exhibition will consist of works by Issey Miyake with the members of the Miyake Design Studio, who have constantly been sending out design messages through creating clothing. In the previous exhibitions, "Issey Miyake Bodyworks" (Tokyo/Los Angeles/San Francisco/London from 1983-1985) and "Live Installation" (Tokyo, 1983-1984), a new concept of presenting design was proposed. And now the "A ŪN" exhibition will point in yet another unique direction under Tomio Mohri's art direction.

"Issey Miyake: Photographs By Irving Penn" will be published simultaneously in English, French, German and Japanese. The French version is to be a catalogue compiled with special collaboration.

We will send you an invitation under separate cover with regard to the announcement to be made in Tokyo in September concerning the exhibition itself.

With kindest regards.

Yasuhiro Hamano
Tokyo Councilor
"Issey Miyake A ŪN" Exhibition

August, 1988

Please direct inquiries to:
Theresa Kim
Secretariat, "Issey Miyake A ŪN"
c/o Miyake Design Studio
tel.03 481 6572

我的牧场飞来一只大荣的鹰！　1988

“南海老鹰队正在低价转让，我要不要买下来呢？”中内功这样问我。我毫不犹豫地回答道：“这是一个好机会，买下来吧。”我一边打着国际电话，一边放眼眺望我在山脚下的牧场，忽然看到有一只红尾老鹰正在翱翔。那一刻我灵光一闪：在比赛的队服上印上鹰的图案。

未来的横滨大荣总部：如果能实现的话！ 1988

横滨未来港21区规划项目本来可以快速开发的。我将细乡道一市长和大荣集团中内功董事长约在一起进行商谈，说服他们，如果将大荣集团旗下的所有公司都迁至横滨的话，横滨市一年将会增加1700亿日元的税收。并且我主张将土地价格降到最低。双方对此都达成了共识，但是由于细乡道一市长的突然去世，以及新任市长高秀秀信的强势，这一宏大的建筑规划不了了之。如今，这三位都已成为故人。

——— 大荣总部的项目规划：大型建筑物占地两公顷　设计：迈克尔·格雷夫斯 总策划：滨野综合研究所

横滨未来港规划：招伊势丹入驻 1987

伊势丹百货本来准备来到横滨，入住毗邻崇光百货、由建筑师迈克尔•格雷夫斯设计的大厦。但是由于崇光百货的强烈反对，该计划终成泡影。虽然我将伊势丹百货引入横滨的构想没能实现，但是我却将京急百货的副社长从伊势丹带到了上大冈。在前滨野商品研究所成员的支持下，我针对这一区域的设计理念最终形成了横滨湾区。

伊势丹横滨店设计图　委托方：伊势丹　设计：迈克尔·格雷夫斯　总策划：滨野综合研究所

横滨未来港规划：抓住成功的关键 1987

“如果没有这个建筑的成功，横滨就无法向东口发展！不管怎样，直通车站，道路必须打通！”这是横滨未来港项目还没开始规划设计之前，我向京急会长、出岛地区开发委员会主席片桐先生提出的看法。横滨的新都市中心就是完全按照这个模式建造的，经由一条“笔直的”地下通道可到达横滨站。

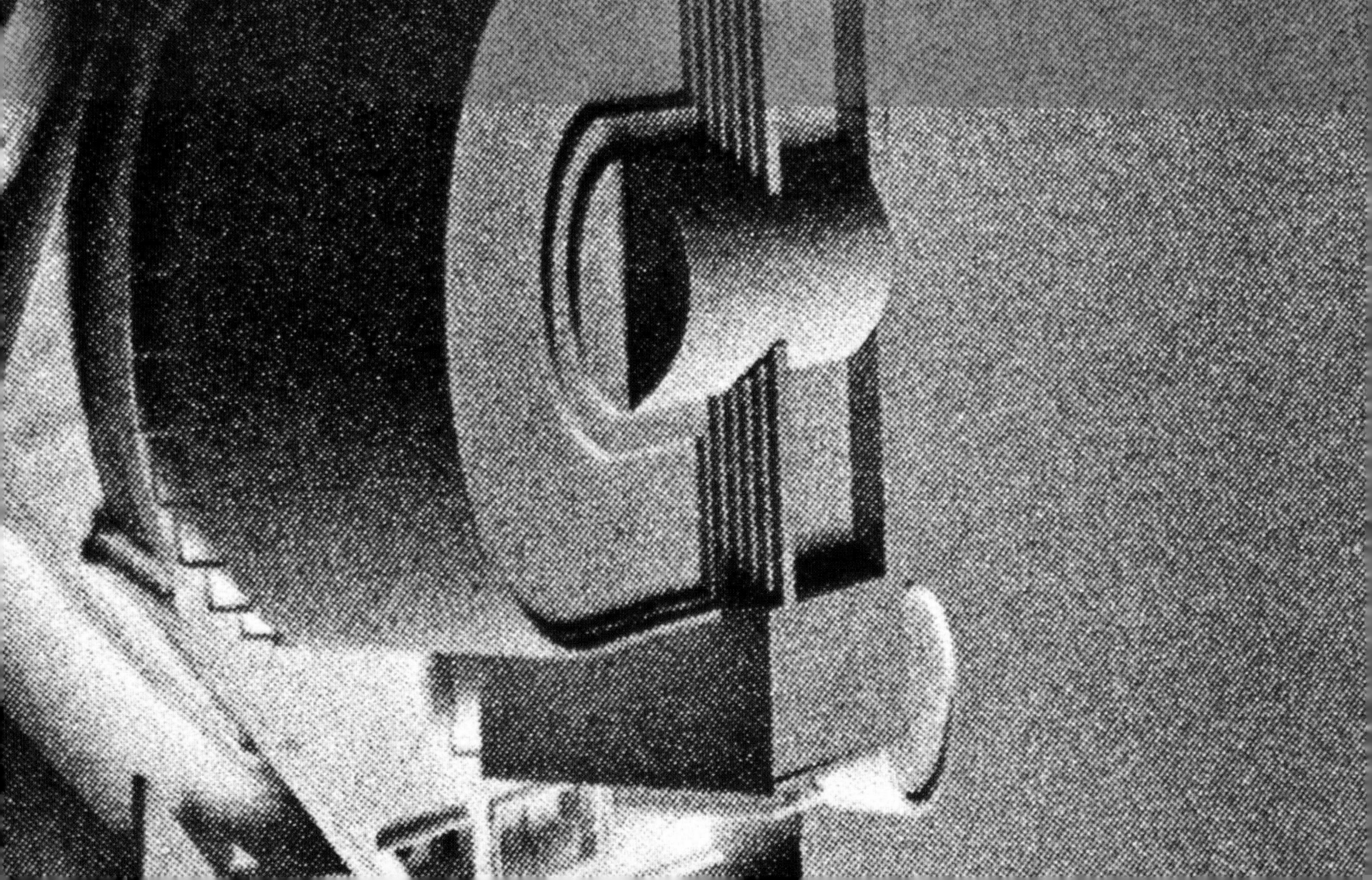

委托方：横滨都市中心 总策划：滨野安宏 锚店：崇光百货

让横滨面向广阔的大海发展

从项目的开始到结束，我一直都是未来港21区都市设计委员会的成员。由于神户港时尚城和横滨新都市中心的成功，我被邀请加入这个项目。让横滨面向大海发展一直以来是我的强烈愿望。虽然中途遭遇过几次破产，但是横滨开始向外——朝着大海发展自己。

CAFESHIP
PRIMARY
Reserved Cruise

以艺术和设计为主题的城市规划 1987

横滨港湾地区属于横滨未来港规划的一部分，这片区域有着自己独特的文化基础和建设容量。我们决定以艺术和设计为主题来打造这片区域。开发商如果参与与艺术和设计相关的项目，比如创作街头雕塑、壁画，政府将给予其100%的容积率，以此优惠政策来充分保证项目区域的“文化容积率”。

AST GUARD

决定、培育和守护都市建筑的形与色 1987

从神户港时尚城到横滨未来港。我被都市设计所吸引，因为无论是都市工程还是当地政府都忽视了人性化的生活方式和人的欲求。我导入了“文化容积率”这一理念。该地区所建成的第一座建筑有一面朝向市中心的大墙，上面饰以迈克尔·格雷夫斯设计的壁画。因为我选择他作为主建筑师，所以这幅壁画将是整个项目的色板。

PORTSIDE PLACE

不自我满足，勇于自我突破 1987

在横滨，我和我的意大利老师埃托雷·索特萨斯一起合作完成了一座巨型雕塑。“不要考虑装备！”这句话震撼了我。我20多岁时就尊他为老师。每次去米兰，我都要与他一起吃饭聊天。幸亏埃托雷·索特萨斯的教诲，我才得以摆脱物质的束缚。对年轻人，我也以严为本、以宽济之。埃托雷·索特萨斯，永远是我心目中的老师。

摄影：本杰明·李

“我在办公室，感觉很棒！”NTT数据 1990

我指导了丰洲NTT数据集团总部的整个建筑规划，从外观到办公室、会议室、员工餐厅和VIP餐厅。企业艺术品的选购也都由滨野综合研究所美国分社代办。恰逢日本经济最景气的时候，我获得了前所未有的绝佳机会，全部采用了世界一流的设计。

艺术主管：迈克尔•格雷夫斯　餐厅设计：米凯莱•德•卢基　接待厅设计：埃托雷•索特萨斯　壁画：康妮•詹金斯　摄影：Nacasa&Partners

从地板选材到总部大厦设计：与格雷夫斯一起工作 1994

和我共事最多的建筑师要算是迈克尔·格雷夫斯了。在田岛集团的设计项目中，从地板材料的选择，到总部大楼设计，再到展厅设计，都倾注了我们大量的精力和心血。在这个后现代的时代，迈克尔·格雷夫斯能够将我的理念非常充分地表达出来。对我的要求，他从未提出过异议。

TAJIMA

御堂筋不能成为一条冰冷的商业街

1990

迈克尔·格雷夫斯用其后现代的创作手法为商业街区增添了几分人气。我一直以来所提倡的理念，通过他的手终于得以实现。安普里奥·阿玛尼在这里开了一家分店。我精心设计了这家店铺的色彩，这样秋天的时候就能与黄色的银杏树叶融为一体。我的“生活之地”的理想又朝着现实迈出了一大步。

EMPORIO ARMANI

重振札幌中心地区的愿望：札幌池内百货店 2011

这个项目的关键词——“札幌南一条新时代”对近来繁荣的札幌车站周边地区发起了挑战。GATE馆以“健康和快乐生活”为主题，而ZONE馆则以“时尚生活”为主题。而“一条新时代”就位于二者之间。被时尚的现代建筑所包围，它将引领整个北海道的生活方式。

生活方式的

IKEUCHI ZONE
IKEUCHI ZONE
ZARA
IKEUCHI ZONE
SHINSEI BANK
新生銀行
プロミス
TBC

我们是如何成功改造涩谷车站前的东急商业大楼的_1982

一座老旧的写字楼经过我们的修复，成为一座繁华的后现代地标性建筑。修复限制了我们设计发挥的空间。我说服东急地产从一层的临街位置移至其他写字楼。经过无数次失败的整修，地下空间被改造成“涩谷市场”，从而引发了一个新的潮流，即后来的“百货店地下食品销售区”的兴起。

鮮
渋谷市場
夜8時まで営業
B1F
1~3月期生
BE
パーティな気分
生徒募集
辻クッキング
8F
二子玉川園
東急スポーツガーデン
アイススケートリンク
テニスコート パブリック制
11 23オープン
パンズ大賞
8F
プラザホール
住友銀行

将两大零售竞争对手置于同一购物中心 2000

上永旺和伊藤洋华堂共存于同一个商业中心，是一个令人难以置信的策划方案，而我却完成了。在大和市市长的支持下，我展开了对该区域的规划设计，并向他建议将毗邻市政厅的五十铃汽车公司移到别处，取而代之以大型商业中心。凭借着我在永旺和伊藤洋华堂的良好人脉，我向世人展示了我作为终极策划师的非凡实力。

AEON

整治街道亦能改善收益 1990

伊势丹静冈店后面那条路简直就是货车配送的专用车道。由于我和铃木祥三社长（已故）一起合作了许多项目（如伊势丹新宿主店），他理解我的想法。于是我们力排众议，将这条后街改造成一条主街“CORRIDOR”。随着这条主街两边铺面的增加，不少高端品牌入驻了静冈。

CORRIDOR
ISETAN

停车场变身购物区：后街呈现新面貌 1983

二子玉川高岛屋开店初期，我将最显著的位置给了铃屋，以此作为商业中心店铺的样板。随之而来的是多次翻新改造。我认为对其最成功的改造，是将位于后街的一层停车场改造成时尚品牌一条街，将面向高岛屋的那一侧引入商家入驻。曾经的后街如今已是奢华的商业大道。在美化街道的同时，也实现了对街道有效的商业利用。

EMPORIO ARMANI
P
入口
高さ制限
2.9m
OPEN
CLOSE
EMPORIO ARMANI
EMPORIO ARMANI

观光胜地需要高品位的中心街区 2005

要将轻井泽打造成世界级休闲胜地，首先要改造充斥着土特产商店的旧街，将电线埋入地下，并引入高级咖啡馆和餐厅。后来，书店、家具店和生活用品店也入驻了这里。遗留下来的大别墅被我改造成高雅的结婚礼堂，通往别墅的沿途还设置了咖啡馆和酒店。该设计方案的重点是轻井泽唯一的一条小河。

小溪公园

轻井泽小溪公园　委托方：渡部婚礼　总策划：滨野安宏　设计：山本良介建筑设计事务所

保存珍贵的历史遗产需要理念与爱心

2005

如果东京都预算紧张的话，可以将这座建筑以有限期限出租。小笠原伯爵的这处别墅的风格是罕见的西班牙式的，应该把它出租给一家愿意将之全面修复并向公共开放的餐厅。租约期满时，政府可以将其改建成一个博物馆。我的建议得到了采纳并得以全方位实施。这是在我的理念引导下的志愿设计。

为御宿町的政府办公楼选址——一次设计革命 1993

长期以来，我一直是御宿町的顾问，推进其作为旅游观光胜地的开发工作。政府办公楼的重建是一个难题。如果利用废弃的学校来做办公楼的话，则不符合其观光城市的身份，但是御宿町没有足够的资金进行大的项目建设。从车站一眼望出去，可以看到一片山坡，那块土地价格很低。市议会和保健所都可以设在同一座大楼里。我请来了著名的建筑师进行设计。所有的花费都没有超过政府的预算，而且巧妙地实现了我的理念。

委托方：御宿町　综合策划：滨野安宏　建筑顾问：迈克尔·格雷夫斯　图片提供：Nacasa & Partners　摄影：二木基

在休耕田里种上蓝草 1985

不管多么偏僻的村庄，都有首屈一指之处。原首相细川护熙任熊本县知事的时候，我作为细川的智囊顾问，曾为熊本县工作了六年。如果你要问：为什么会选择到这个穷乡僻壤工作？我的回答是：这里美丽的河流、乡野的景致和原生态的自然环境使我深深着迷。我打算在那些休耕的田地里种植蓝草，使熊本以盛产这种草闻名于世。

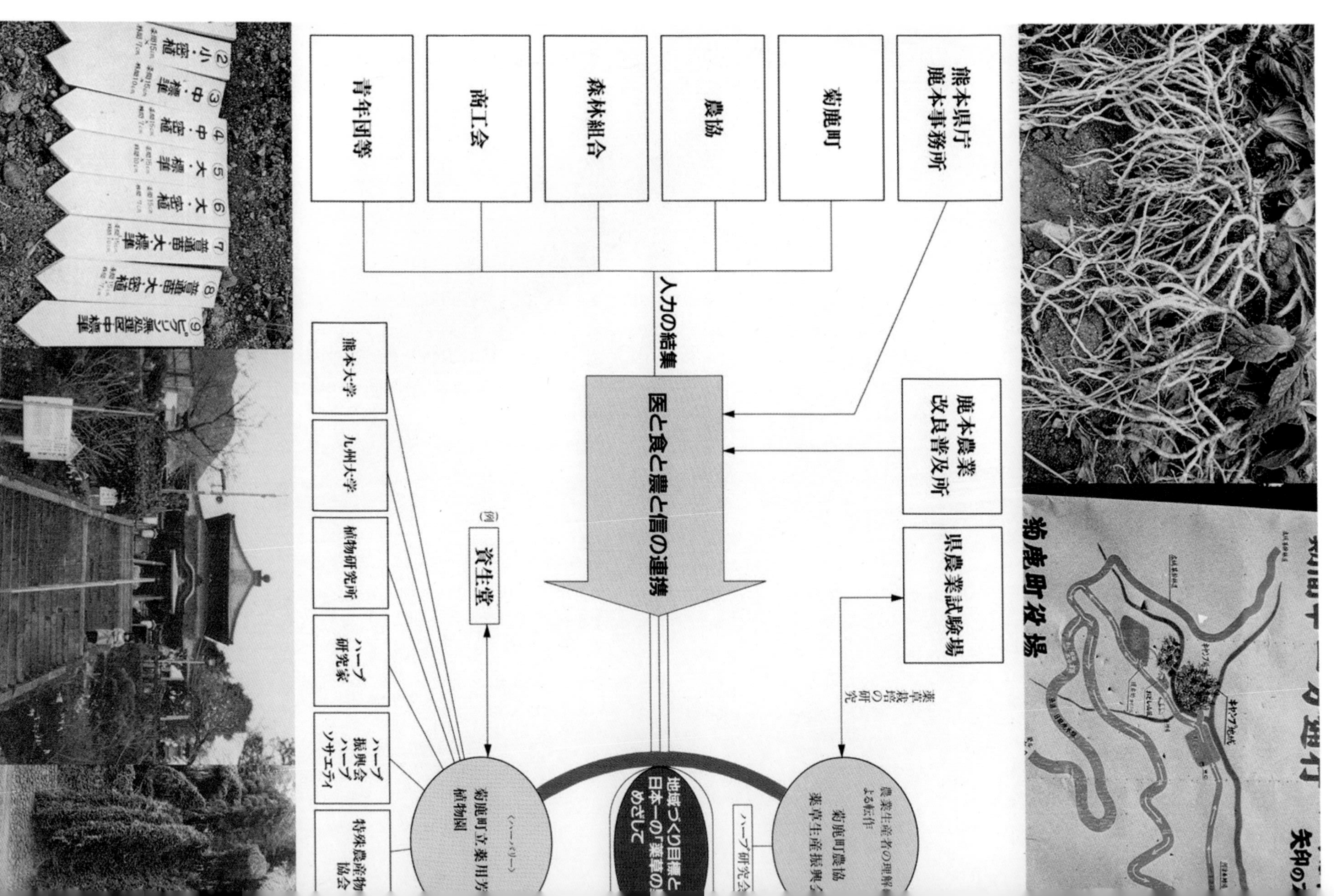

菊鹿町「ハーブカントリー・健康邑」

大自然の自生薬草の調査

漢方医

薬草商

信者・行者 （数万人）

修験道

護摩

薬用酒の開発

密教食の開発監修

薬草ミックス秘伝

天台宗
吾平山相良寺
相良・千手観音信仰

菊鹿町推進本部 「町開き」運動部

〈テーマ〉
"開き" 戦略プロジェクトとしての
ハーブ・カントリー・健康邑」づくり

地域づくり委員会（1986年）
86人

〈薬用温泉保養施設〉
"ハーブ・クアハウス"
アロマテラピスト＋ドクター付き
・薬草、ハーブ温泉
・東洋健康体操センター
・サウナ、スイミングプール
・エステティック（美容マッサージ）施設
・健康管理施設

〈ハーブガーデン〉

（サービス施設）
・ハーブショップ
・ハーブカフェテラス
・ハーブレストラン
・ハーブ教室
・ハーブコンサルタント
　オフィス
・休憩施設
・芳香浴施設

（モデルガーデン）
1. 薬用植物
2. 芳香植物
3. 辛香植物
　・標本植物区
　・温室
　・水性植物区
　・有毒植物区
　・ロックガーデン

〈加工処理施設〉
・薬用作物
・芳香作物
・辛香原料作物
・分収農園

〈生産農場〉
・乾燥設備
・精油蒸留設備
・スパイス加工
・調香室

高台一帯をハーブ農園

〈ハーブロード〉
・一家一花運動
・全町全植運動
・全路キク科花運動

鞠知城跡（くくち）
（7世紀）

隈部館跡
（中世、のちの近世城郭の原型）

卑弥呼伝説
特別天然記念物
アイラトビカズラと伝説

（毎年）
菊鹿町ハーブ・フェスティバル
農協祭
商工祭
ふるさと祭り
（卑弥呼祭）

・ハーブセミナー（カレッジ）
薬草学会開催
ハーブ・シンポジウム

世界のハーバリストが集まる

（将来）　ハーバル・コンベンション
（ハーブ世界大会）

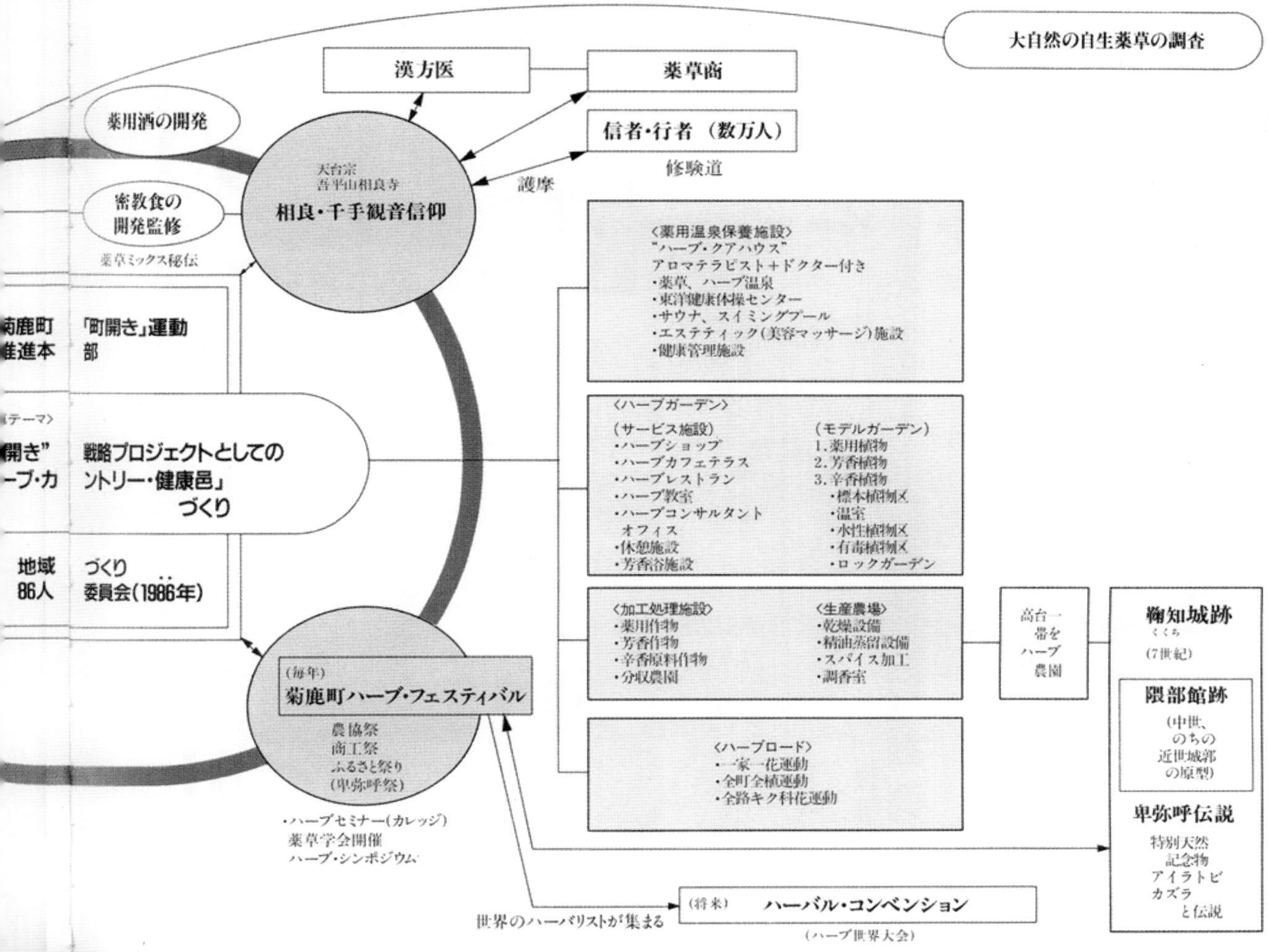

剥去丑陋的现代外衣，展现美丽的古栈一条街 1986

川越的古栈一条街是以我们的建议为蓝本的。80年代初我初次来到这里的时候，这里还很萧条，整条街的商铺都紧闭店门。十字路口的一角有一个小广场。“现在，还有花车吗？”这里曾有过几家古栈造型的商店。决定将花车停放在这个小广场，我决心重振这条古栈街的活力。

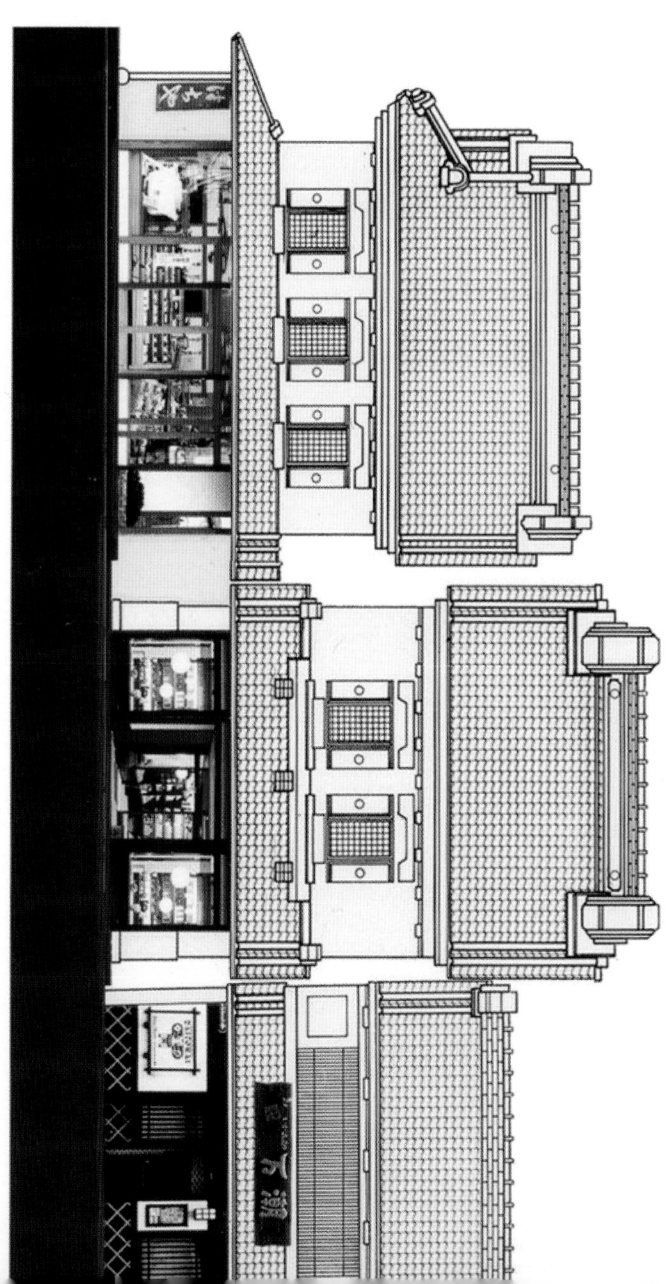

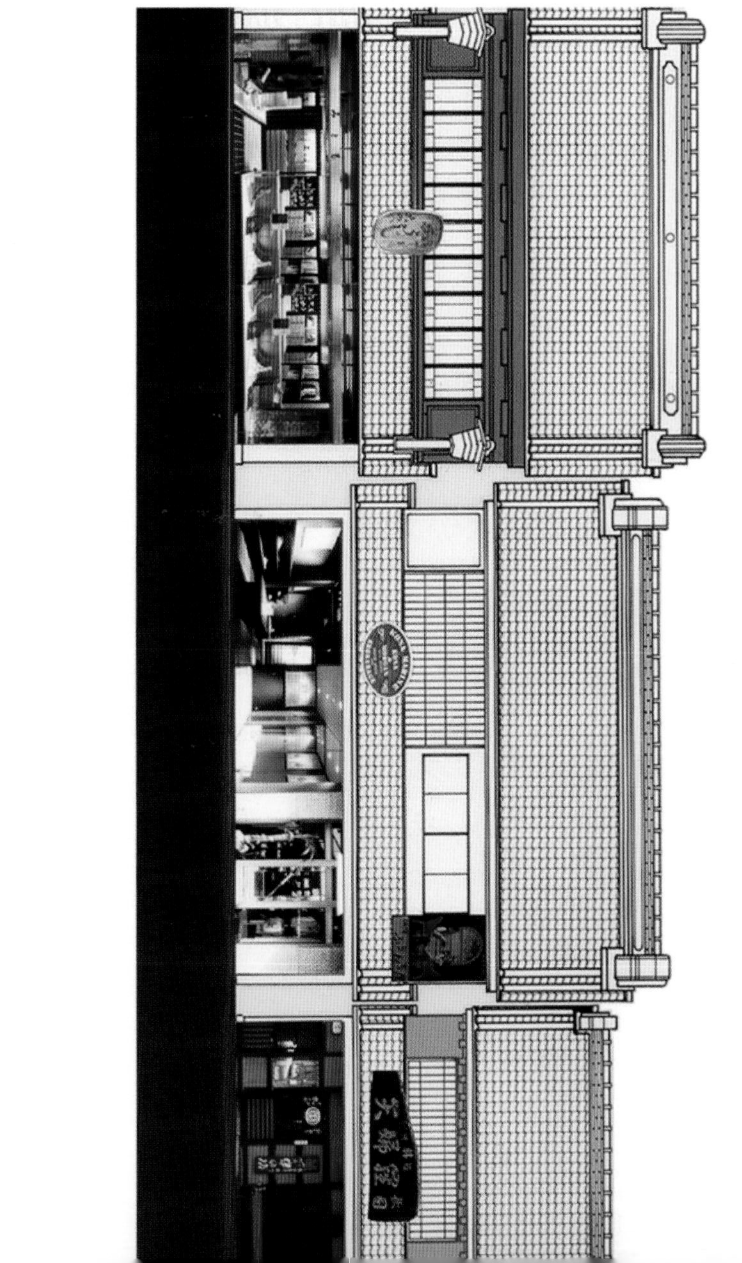

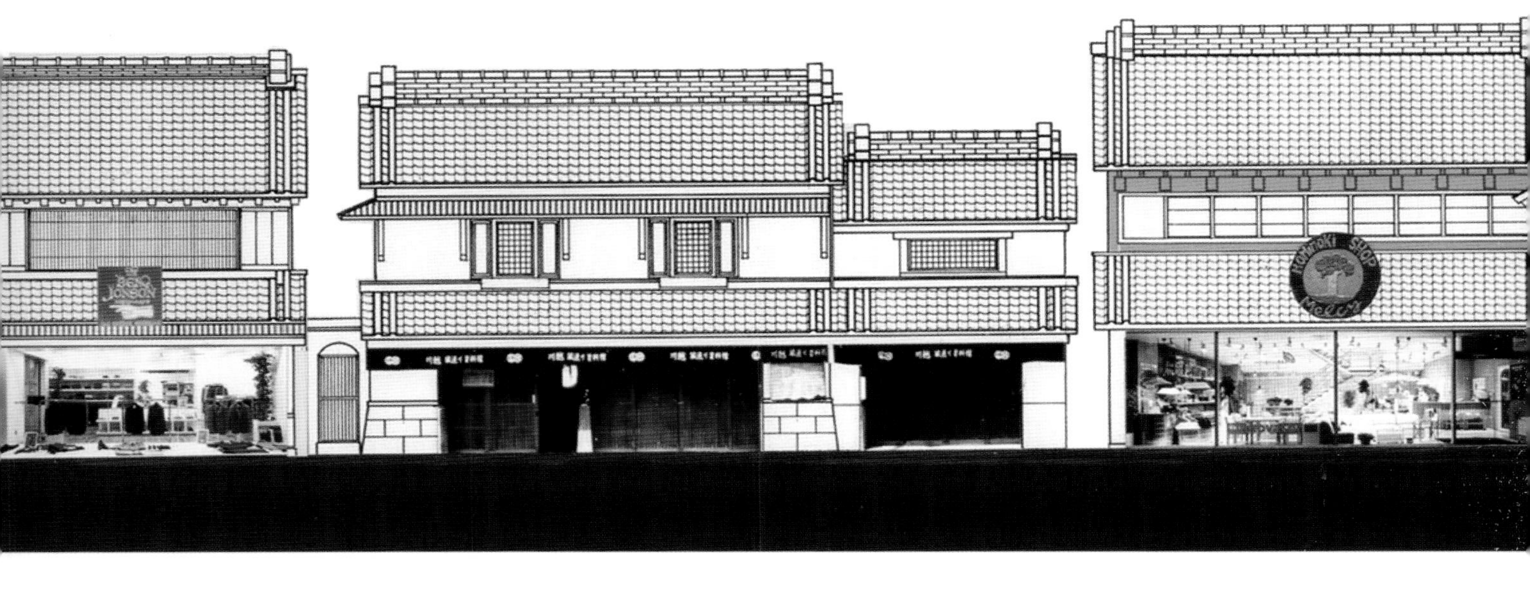

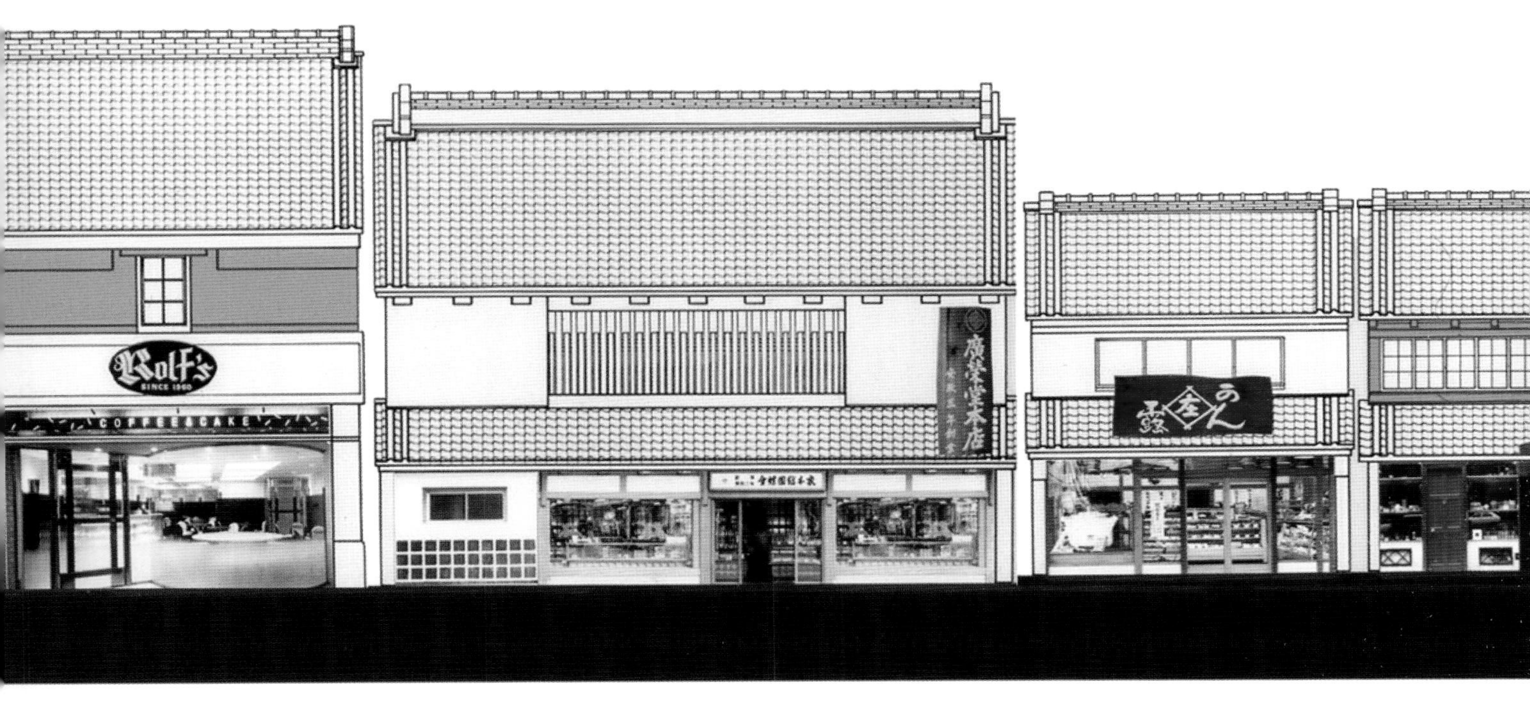
Rolf's
SINCE 1960
COFFEE&CAKE

古栈街被保存了下来，成了电视剧中的场景

我们多次遇到这样的问题：如何处理停车场和用补贴经费建成的主要设施？当地商铺的年轻店主和青年会议所都对我的理念表示支持。我的构想很清晰并且提出了明确的方案。依靠大家的团结协作，方案最终才得以落实。

額縁
フカセン
川越一番街
深善美術表具店
09-068

楼梯成为主角，被称为STEP的商业楼 1980

我从金比罗山找到了答案。一个毫无个性的拱廊横跨在高松的丸龟商业街上空。项目用地是狭窄的三角形地块。如果硬要留下楼梯的话，建筑设计就非常难以下手。我和安藤忠雄去实地考察了一番之后，突然有了极富创意的灵感：干脆将楼梯设置在建筑的正中间，以楼梯作为主动线来建造一座大楼。

业主：逸见有限会社 综合策划：滨野综合研究所 设计：安藤忠雄建筑研究所

碍眼楼梯变身为主角

1981.09.23

任何一个建筑都需要楼梯。在设计上一般都将楼梯隐藏在里面，作为碍眼的对象来处理。而AXIS大楼采用了仓俣史朗的设计，将楼梯设置在建筑物的正面而且是中间位置，其楼梯的设计宛如一座美丽的雕塑。因此得到了苹果公司的史蒂夫·乔布斯等高端管理者的赞誉。

业主：AXIS　综合策划：滨野综合研究所　楼梯设计：仓俣史朗

百叶门窗分开内外：Live house 1992

我在策划推广百叶门窗文化的同时，常常想：“只靠一扇百叶门窗的开和关，就能使内外有别，使空间隔断。这样的建筑可谓是划时代的建筑吧！”于是，我在河畔找了块空地，设计建造了几个临时建筑进行试用。那块空地毗邻新潟阿贺野川河畔的啤酒城规划用地。

外
シャッターの開閉
内
外
IN
CAFÉ
common
HALL
EXIT
stage
RIVER
シャッター
キリンビール

红砖墙上的霓虹灯字——玫瑰花园 1977

在街区设计中，我们想增加位于山顶的洋人馆旧建筑的异国情调。当时一位女华侨和她曾做过水手的丈夫在六甲山麓的北野町购置了一些土地，后来在这些土地上建了一些公寓和情侣酒店。他们拿着我的红色封面的畅销书《聚集人群》找到了我。安藤忠雄使用英伦风格的红砖来体现传承与革新。

183——业主：玫瑰花园有限会社 设计：安藤忠雄建筑研究所

创造既能诞生时尚，又能培育产业的都市 1973—1985

神户具有成为时尚都市的潜质。很多神户的企业为新潟的布料产地提供着订单，它们大都是从新潟迁移到神户来的。一直以来，神户因为一味地追求其港湾作用而迷失了自我。我们的策划要为其填补空白，让时尚能在这里诞生，产业能在这里壮大。地方政府和通产省为我们提供了强有力的支持。

THE TECHNICAL PROPOSAL FOR KOBE PORT ISLAND FASHION TOWN PLANNING

神戸ポートアイランドファッション街区計画報告書

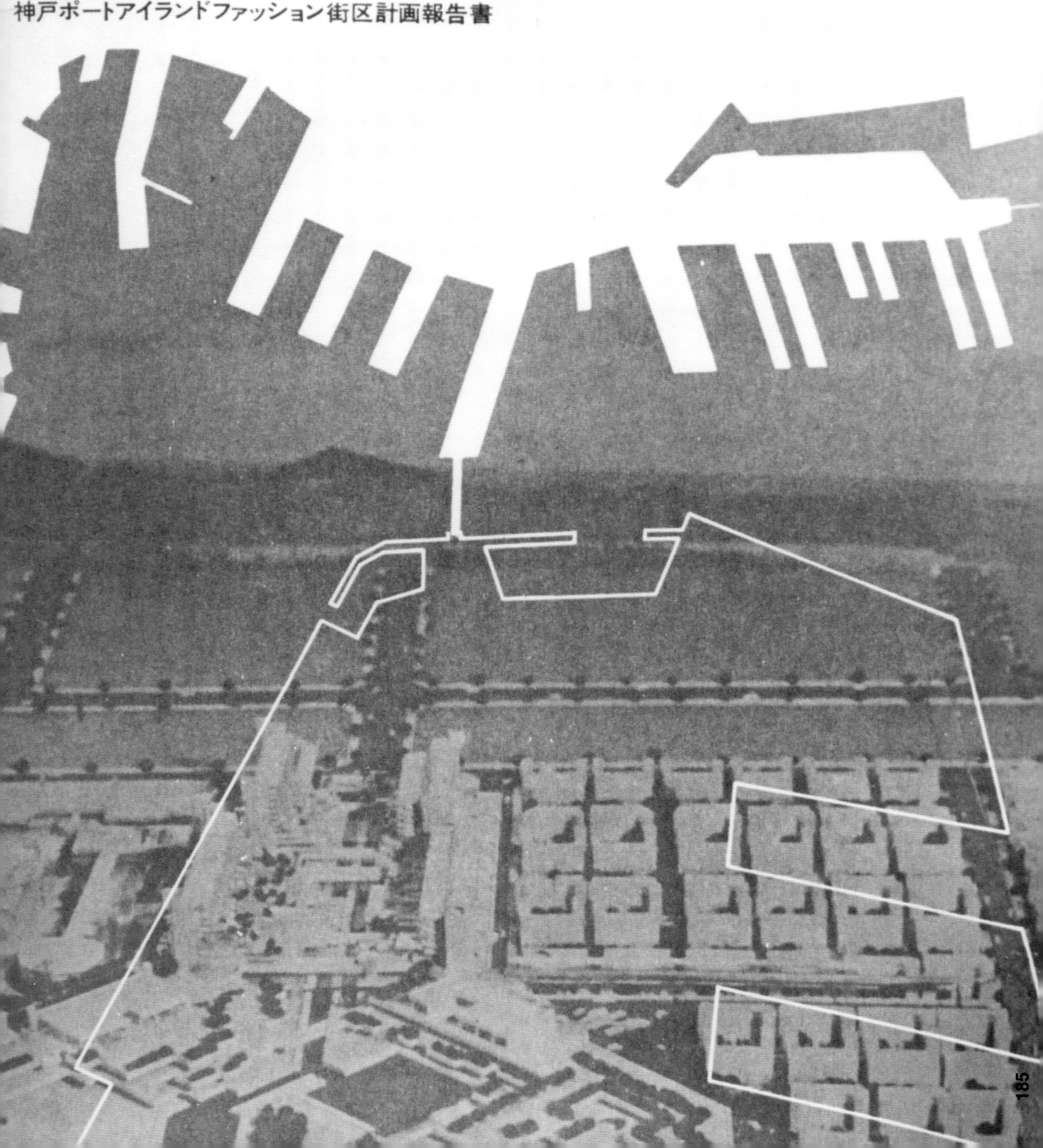

像巴黎的旧市区一样，街道充满生活气息 1991

这个街区的策划核心是要像巴黎一样，开发充满生活气息的街区。我作为街区建设的策划者，实现了这个可谓高难度的设想。虽然周围都是高楼或超高层的大厦，但是通过保持其总容积率平衡协调的方法，建造七层的建筑，使延续巴黎中世纪的生活方式成为可能。毫无疑问，这属于理念创造者的成功。

海滨幕张车站前，引入美国一流的百货店 1989

在千叶县的海滨城市幕张车站的北口，构建城市综合体商业设施，策划引进纽约的顶级时尚百货店作为主要商户入驻。纽约的布鲁明戴尔百货店和东急百货店都同意入驻。经过招标，建筑由滨野团队和迈克尔·格雷夫斯负责设计。同时，我还负责位于车站南口附近的大型商业中心的策划工作。

踏上这片土地之时，我感受到土地神灵的召唤 1990

在嘉娜宝工厂旧址的开发规划过程中，随着时代的急剧变化，项目的规模也在不断扩大，从小范围渐渐演变为大规模的都市开发。虽然想在都市的中心引入河流的策划没有获得许可，但是设计了池塘与喷泉来构筑自然的氛围，打造郊外型商业城。我的想法刺激着这个世界再次迸发出新的活力。

191 —— 博多运河城 委托方：福冈地所 基本构想：滨野综合研究所 设计：乔恩•杰尔德

都市的暂定利用计划：横滨音乐之都 1994

在美国的蓝调之屋和滚石餐厅等以音乐为主题的系列餐厅迅速兴起的时候，日本经济已显现出衰败的迹象。横滨港未来规划项目中有很大一片空地，我想以定期租借的模式，构建一个音乐主题公园。这一构想获得了横滨都市规划局和24家公司的认可，并为此举办了研讨会。

规划团队成员：滨野团队、横滨都市规划局、横滨音乐城市研究会以及24家参加企业（川本工业株式会社、相铁建设株式会社、长谷株式会社、大林组株式会社、钱高组、鹿岛建设株式会社、空间株式会社、ITOKI株式会社、丹青社株式会社、乃村工艺社、银木工业株式会社、东京天然气株式会社、资生堂、高梨乳业株式会社、肯德基日本总公司、南梦宫株式会社、综合媒体株式会社、岩崎学园、西科姆株式会社、文化便利俱乐部、雅马哈株式会社、先锋电子株式会社、普拉扎设计欣向株式会社、AMUSE株式会社）。

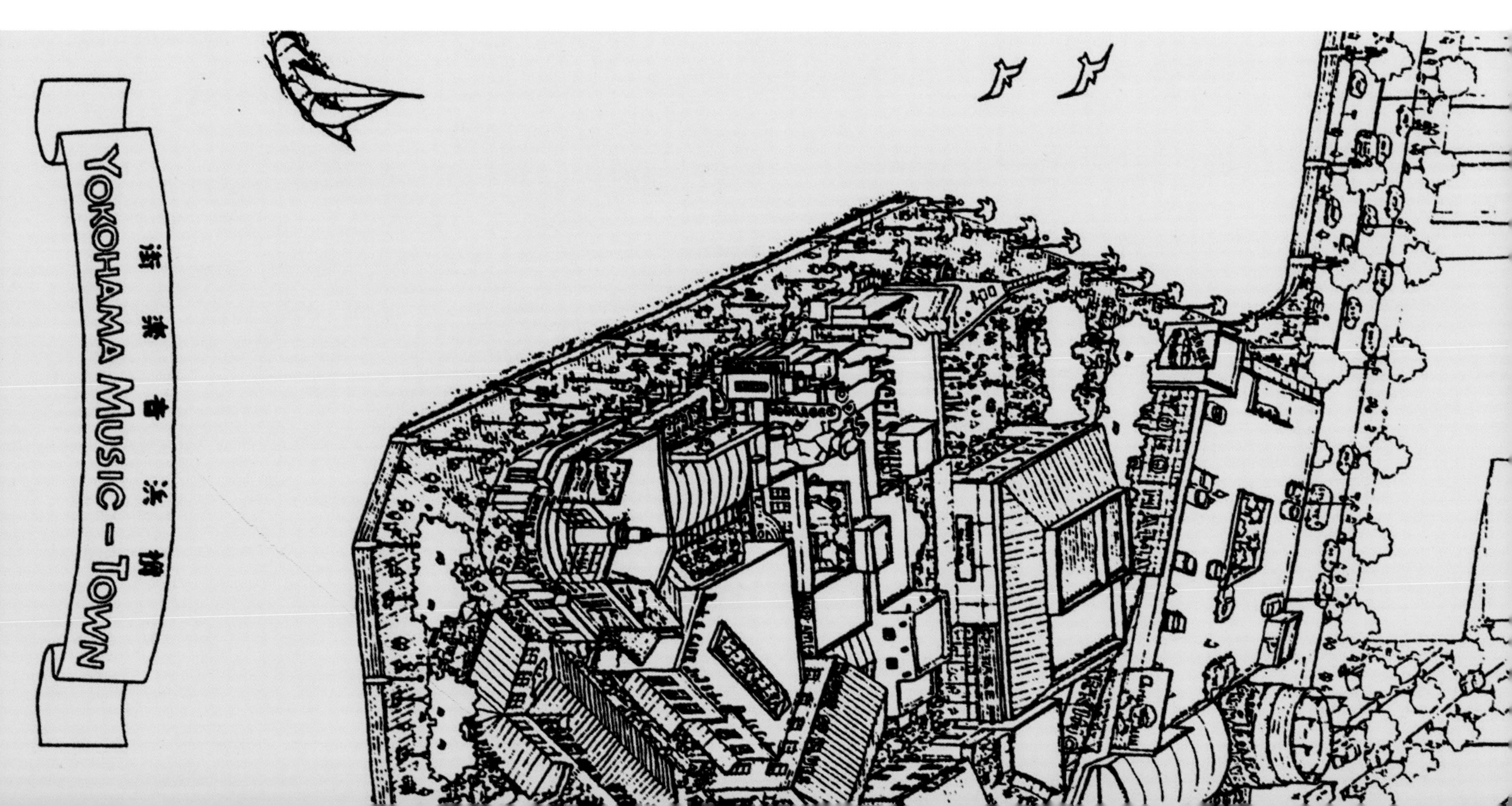

MALL OF TH
YOKOHAMA

音乐城成为临海地区开发的中心 1990

我和三菱地产组成的团队参与了东京都的竞标。虽然众望所归竞标成功，但是由于政治经济的变动，这个构想未能获得实施，于是暂时把这个构想运用到了复合型商业设施“AQUA CITY”的策划设计之中。地区整体骨架向着大海呈阶梯状展开，城市建设依照我在通产省提出的策划方案不断推进。可以说，我的宏大的都市构想还在继续进行中。

——委托方：Battery小镇21　理念策划：滨野综合研究所

在火奴鲁鲁建设理想的生态街区

1991

1982年随同中内功去阿拉斯加之前，他与我商量要收购巨大的阿拉莫阿纳商业中心。在收购期间，我给予他诸多参考意见。我和长谷工公司的合田先生曾计划在阿拉莫阿纳商业中心后面的Keeamoku大街建设城市的综合建筑。可惜规划刚开始实施，就遭遇了泡沫经济的崩盘。如果这个宏大的构想实施了的话……

值得期待，西湖之畔的高品位化 2005

中国浙江省的省会城市杭州提出了保存老街，并在老街周围完善商业大厦、住宅、办公楼等配套设施的建设方针。我担任了指导当地设计人才的任务。这条老街仿佛是中国人的生活方式向近代化、高端化突进的象征。这个时期来我公司的东京总部拜访的中国年轻人，大都是室内设计师和建筑师。

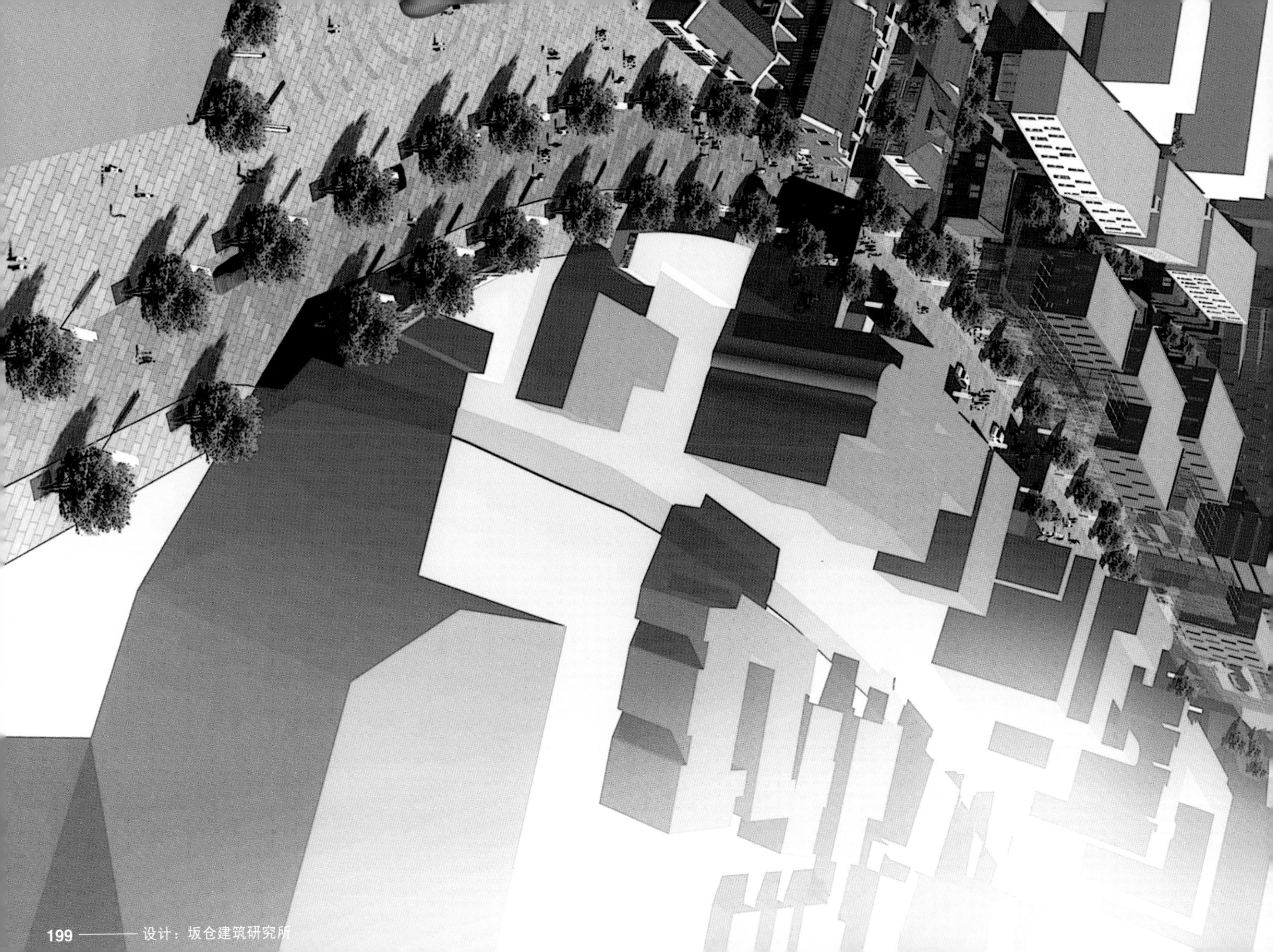

设计：坂仓建筑研究所

伊势丹百货本可入驻上海长宁区虹桥 2003

为了招引伊势丹入驻，我们在上海选择了一块路角地规划了一个建筑项目。我准备在这个路角地的延长线上，打造上海首屈一指的高品位大街。在规划中，街道两旁商店林立，低调的办公楼和居民楼等高层建筑环绕四周。令人遗憾的是，最具象征意义的路角地最后却被另行交易了，接手的开发者开始了与规划毫不相关的建筑开发。

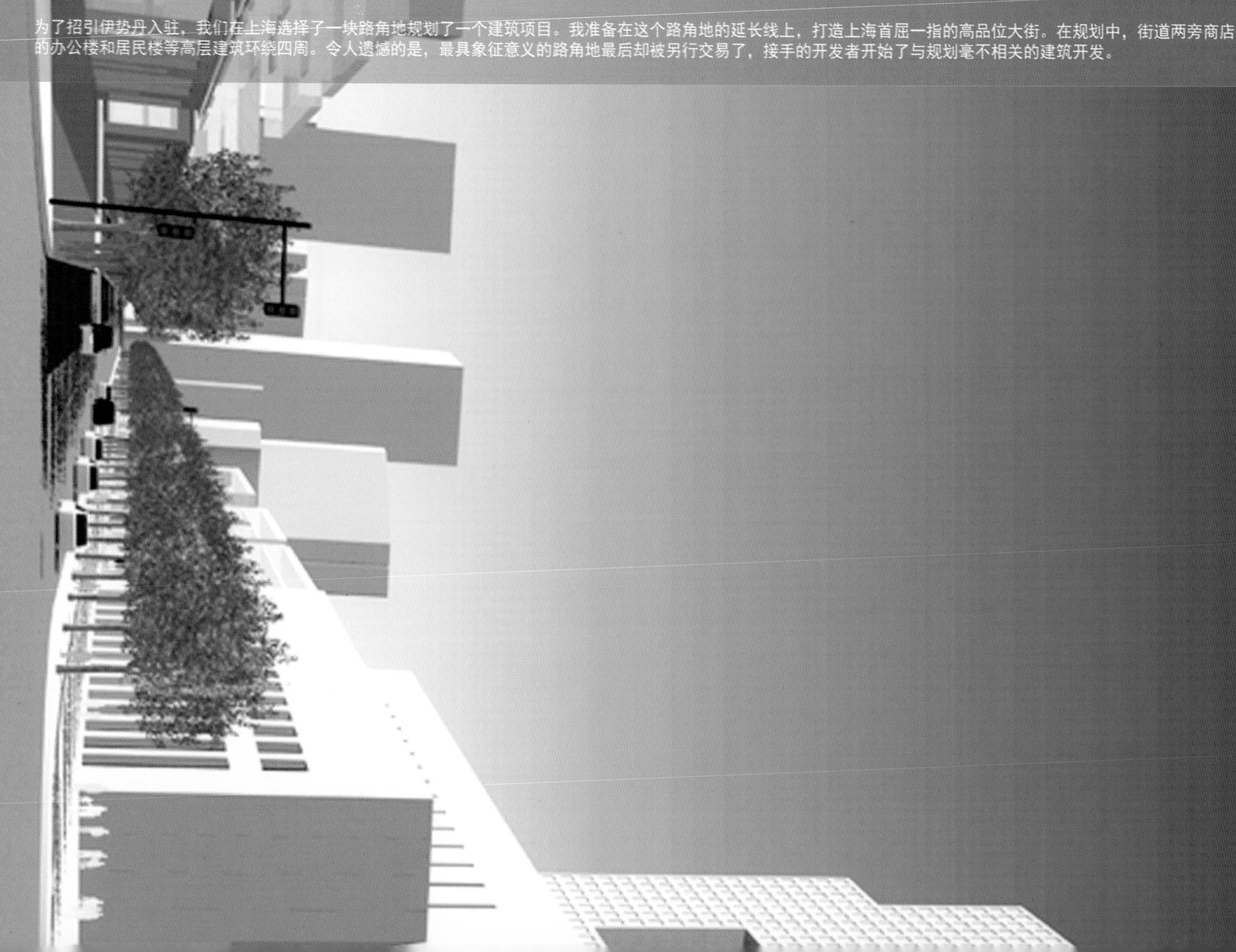

设计：坂仓建筑研究所

天空泻下一线阳光：在自然无为的空间里留下时代的印记 2010

踏入那昏暗的大厅后，一线阳光从空中倾泻而下。“我想要这样的设计，不管从哪个屋子都能看到泰姬陵。”这是业主的美好想法，然而这个想法却因为高度、容积率等原因而难以实现。在这里，我设想放置一幅100米高的大型壁画。像印度阿格拉有泰姬陵这样的时代标志性建筑一样，我们也要打造这样一个小型城镇。我向建筑师小川晋一提出了强烈的愿望，然而让当地居民接受这个设计理念还需要一个过程。

业主：新德里里拉宫殿酒店 构想理念：滨野综合研究所 设计：小川晋一建筑设计事务所

患有心脏疾病的富有老人的疗养胜地 1974

瑞士针对产油大国暴发户们开发的商业模式，无论是构想还是理念都显得如此完美。本项目的业主是希腊的一个大财阀（因其他项目而破产）。我为之策划了一座座带有诊所的租赁式别墅。对患有心肌梗塞等心脏疾病的患者来说，六小时以内是抢救的黄金时间。拥有完备的院前急救装置和医疗技术以及瑞士莱曼湖的自然风光，是这些别墅的卖点。

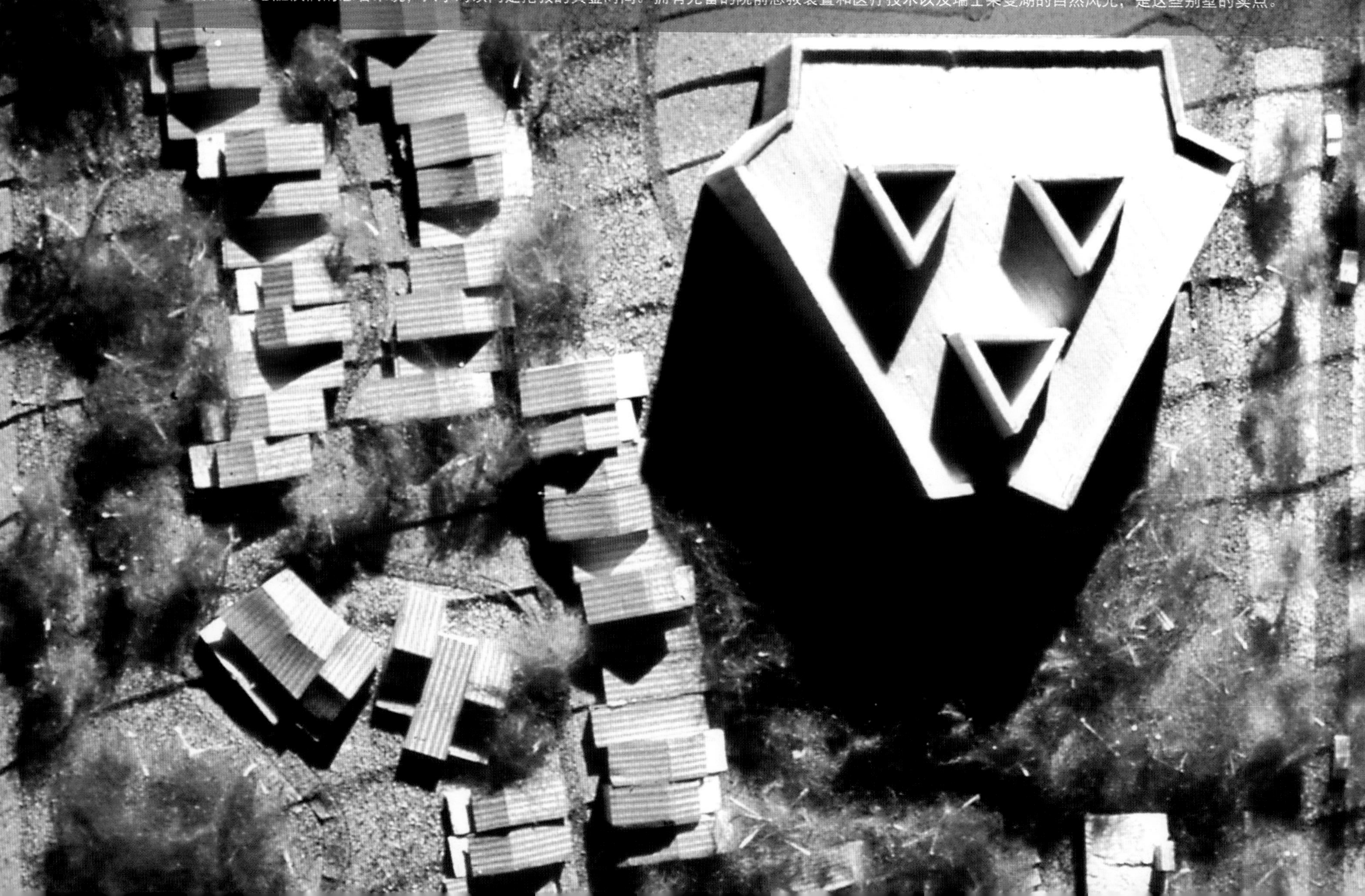

——瑞士莱曼湖畔FOUNEX休闲度假项目规划 策划：滨野安宏 项目协调：安德烈·马纳尔多

台湾北部的金矿名城变身为热情洋溢的都市　2010

日本人曾经来到九份这座位于台湾北部的偏远小城开采金矿。业主在毗邻金矿的大块私人土地上经营着一个大型停车场。这个项目开始后，按照我的策划理念，许多建筑师都充分发挥了创造性，齐心协力将这里打造成一座富有魅力的小城，例如采用罗马的西班牙式阶梯等，创造出一个新的台湾名胜。

——想象图：滨野安宏

用现代的设计复兴传统商业街

2010

在台湾的商业街里，人们努力地工作，这里洋溢着快乐的生活气息。每个店铺都是独立的，并分成上下两层，所有权也是独立的。如果采用现代的商业模式，这里完全可以成为一条崭新的商业街。在店铺的个性化和城市的风格之间进行平衡是项目成功的关键。

委托方：江陵企业集团　项目协调：创河公司　综合策划：滨野综合研究所　设计：坂仓建筑设计研究所、北山恒建筑研究会、坂茂建筑设计

将以设计为导向的现代日本生活导入曼谷 2009

Introducing Japanese Modern Design City（JDC）设计方案，因为水灾等诸多原因，至今还没有动工。项目地位于泰国曼谷市中心的素坤逸路，其街区的形成过程类似东京的青山大街。我作为总策划选定了一些日本最负盛名的建筑师参与设计，包括坂仓、北山恒、隈研吾等，他们都提出了非常出色的设计方案。

设计：坂仓建筑设计研究所 北山恒建筑研究会 隈研吾建筑都市设计事务所 综合策划：滨野综合研究所

自豪地向全世界宣传日本人特有的感性 1993

都市的商业和服务空间不是建筑的附属品。身处这个时代，必须从生活方式的角度来考虑都市和建筑。但是，目前还未形成为这类创意支付报酬的机制，只能以融资租赁费、顾问咨询费、建筑设计费等形式来获取酬劳。因此，有必要让人们明白策划理念的真正价值。

太平洋煤矿公司创造了青山表参道 1974

太平洋兴发公司的前身是太平洋煤矿公司，是以发展生活产业为目标的公司。我20多岁的时候，在糸川英夫博士的介绍下，指导了该公司的成功转型，从以初级产业为基础转向以生活方式为主题。当时我编辑出版了企业杂志《and/or》，致力于培养不说no，而用and或or来思考的企业文化。在标识设计中，我去掉了三井的“#”，糅合了煤炭和科技的意蕴，以“T”来代替。

研究开发

New Life Style Development

and/or

积极地试行错误

太平洋興発

一人十色的生活方式

1987

去掉三井的"#"后，我创意的这个标识造型给人一种向世界展翅欲飞的感觉。内与外，都市与自然，人类与文明，个人与个人，个人与集体，企业通过"&"将这一切连系在一起。在这个"一人十色"物欲横流的时代里，我们努力满足客户的各种需求。抱着这种策划理念，我在这个设计项目的竞标中拔得头筹。

私のすきな生活

三井不動産

MITSUI FUDOSAN

都市と自然。開発と保全。経済と文化。働くことと遊ぶこと。
これからの時代、私たちに求められているのは、こうしたことを「あれか、これか」の二者択一ではなく「あれも、これも」とり込む、まさしく両立、共生の精神ではないでしょうか。
「&」マークは、その精神を三井不動産のありうべき企業行動としてシンボリックに表現したもの。

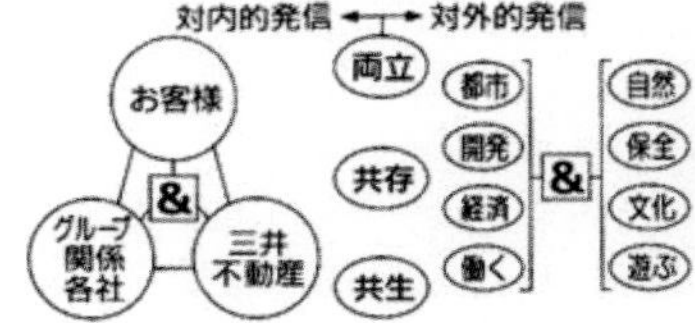

対外的には、社会や環境との柔らかな両立を。対内的には、グループ及び関係各社、そしてお客様との健やかな共生を願って、今後、この人間味あふれる「&」マークを大きく育てていきます。

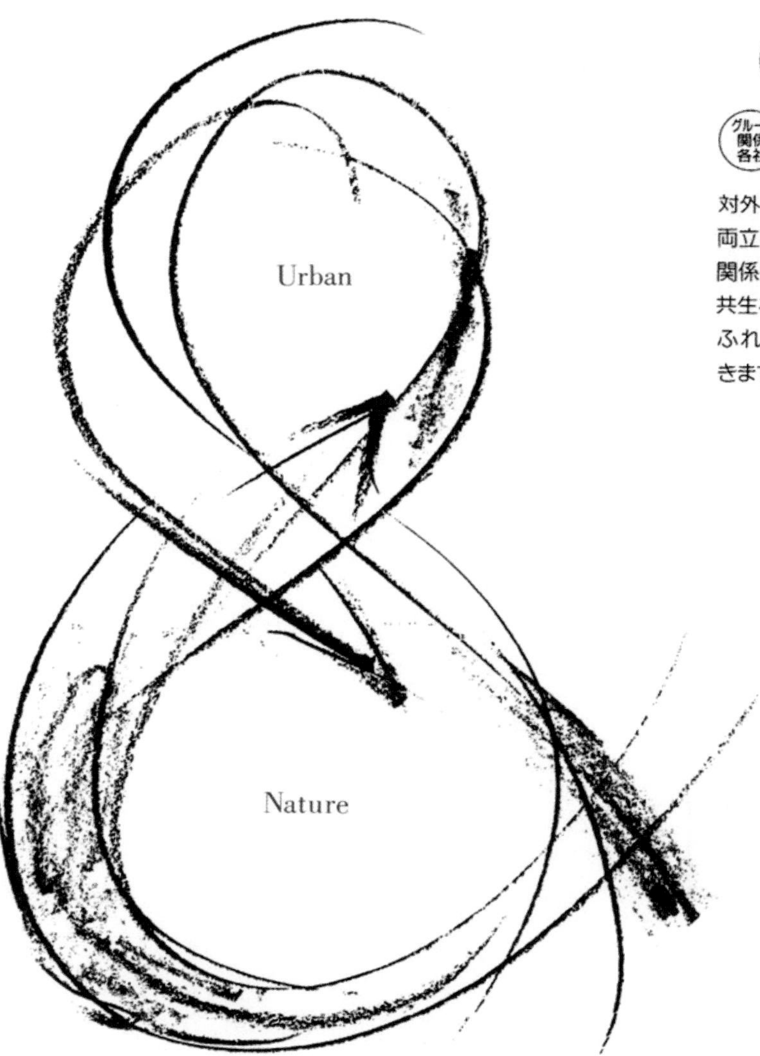

〔第三種郵便物認可〕〔広告のページ〕 1990年(平成2年)5月1日(火曜日) 讀 賣 新 聞 ☆12版☆ (18)

花の万博

私のすきな生活

十人十色、さらに一人十色の生き方、個人の時代です。たくさんの「私」、「私」の中にもいろいろな「私」がいます。水のように動きつづけ、川のように流れつづけ、とどまることなく変わりつづける「私」らしい生活。変わりつづけること、在りたいようにただ在ることこそ美しい。「もっと私らしく」。「私のすきな生活」がごく自然に、カジュアルにできる時代です。私たちから子どもたちへ、さらにその子どもたちへ、幸せな毎日を育てましょう。

三井不動産は、正直でわがままで、あふれるほどに多様な「私」のイキイキと自由な生活とともに、やさしくながれる水になりたい。

三井不動産

〒103 東京都中央区日本橋室町2丁目1番1号 TEL03(246)3155 広報室

 —— 构想理念：滨野综合研究所　视觉传达设计：外立正

父亲说："这意味着旭日欲升。"

1984

"旺山"是父亲创作俳句和短歌时用的笔名。"世尊拈花。拈花，微笑。"东急手创创立之时，我采纳了父亲的意见，以"手的复活"作为公司标识的主题。旺文社的标识是旭日欲升的图案。这是罗伯特·鲁尼恩的出色创意，他曾为洛杉矶运动会设计了会徽"运行之星"。现在看来，父亲朴素的人生哲学依然充满着活力。

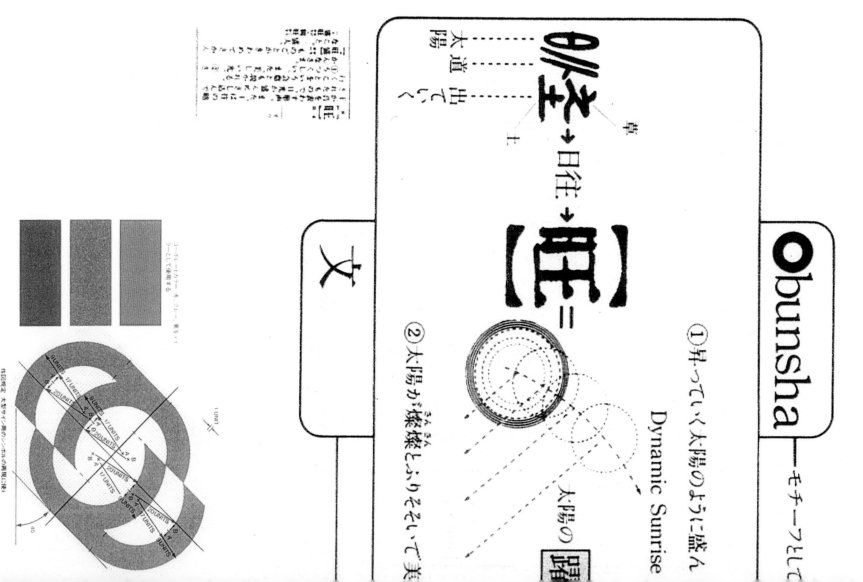

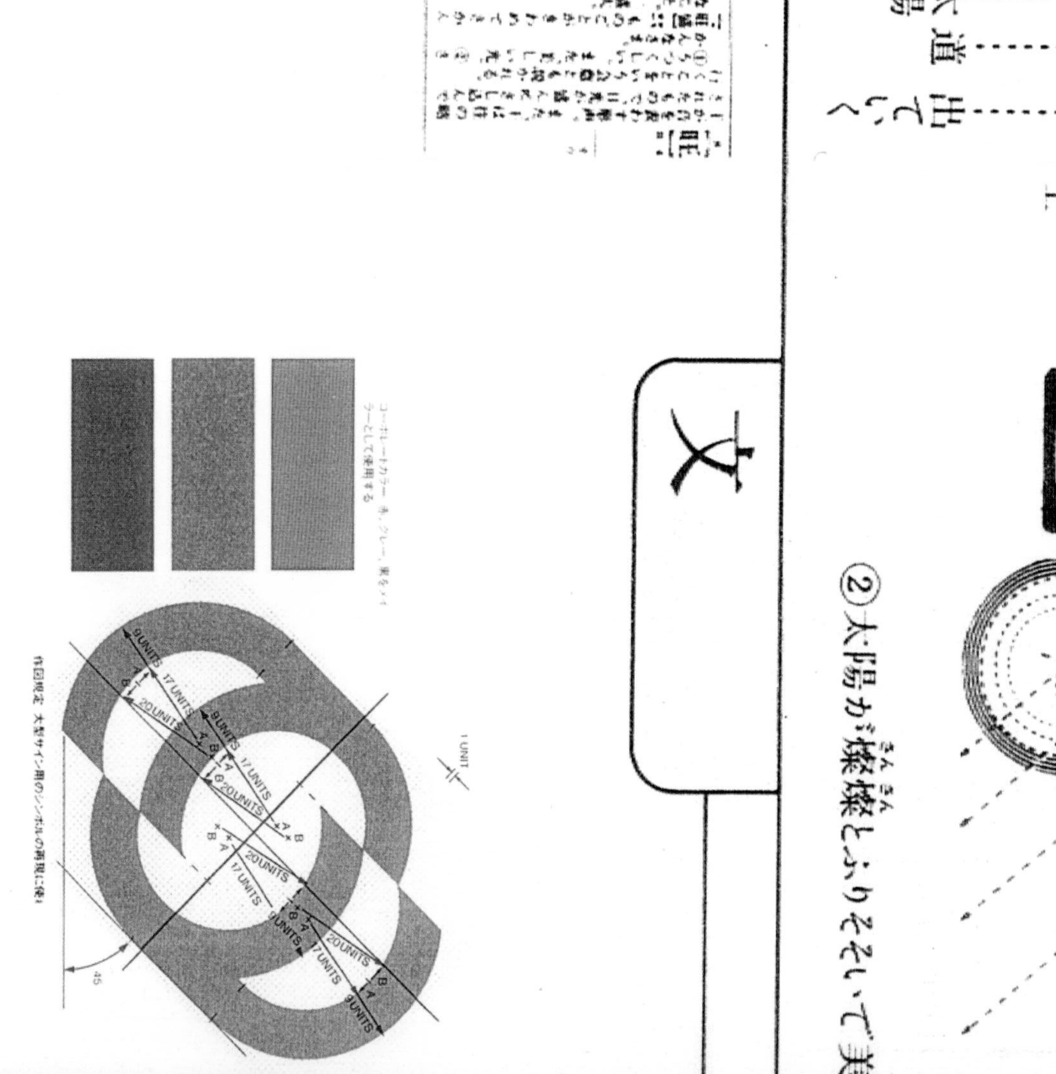

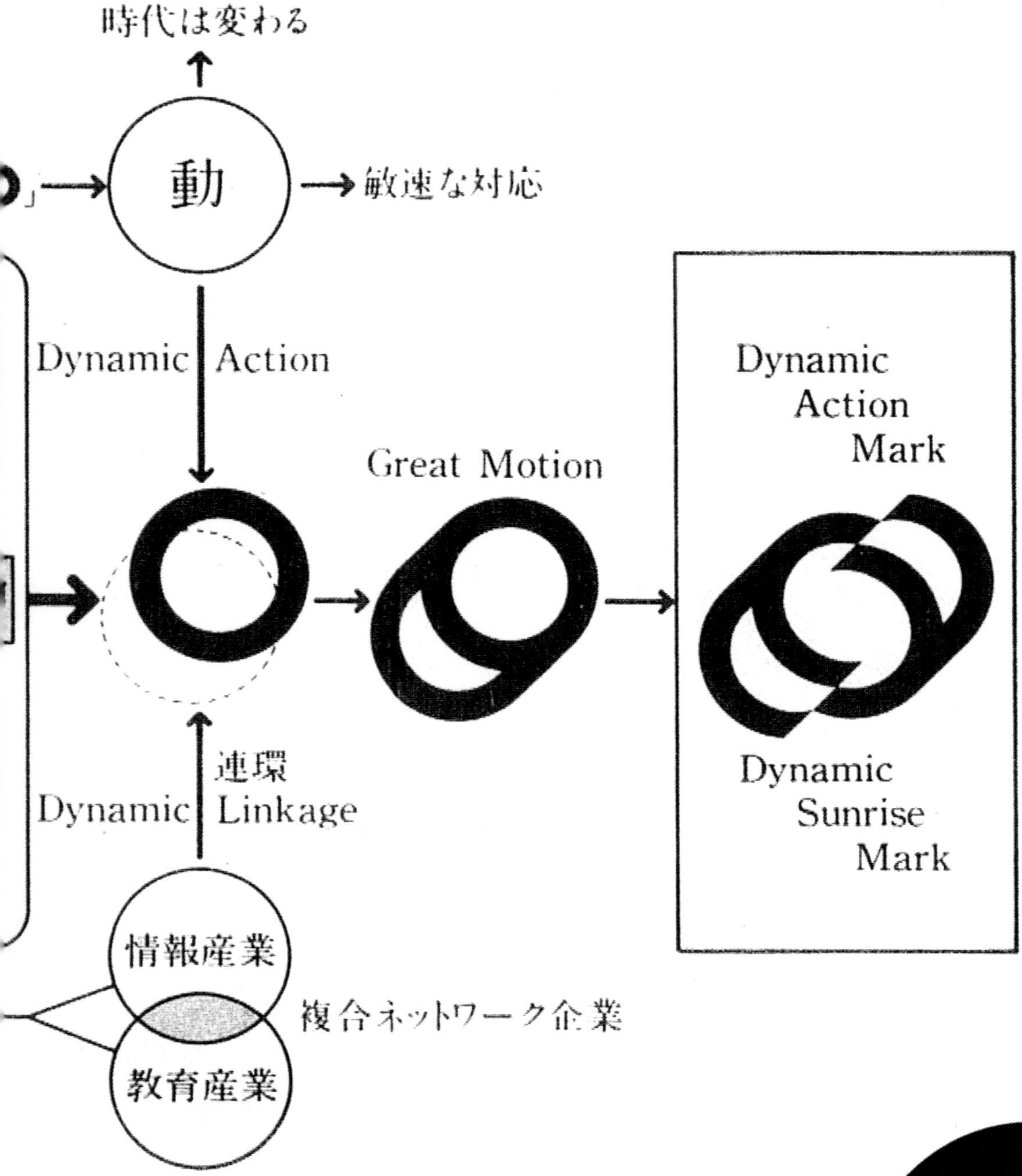

時代は変わる

」→ 動 → 敏速な対応

Dynamic Action

Great Motion

Dynamic
Action
Mark

Dynamic
Sunrise
Mark

連環
Dynamic Linkage

情報産業

複合ネットワーク企業

教育産業

シンボルマークとロゴタイプの組合せ

和文ロゴタイプ　横組と縦組がある

旺文社

旺文社

“世尊拈花。拈花，微笑。”释迦的手：手的复活 1976

我对东急手创项目一直满怀着信念和热忱。那是在我掀起素质革命之后，我开始热衷于发起户外运动的生活方式。我提出的“创意生活店”的理念，向人们展示了东急地产的企业精神。东急地产不仅仅出售土地与住宅，更是在推广一种“快乐的生活方式”。当时，五岛升挂帅东急集团，松尾英雄任社长。

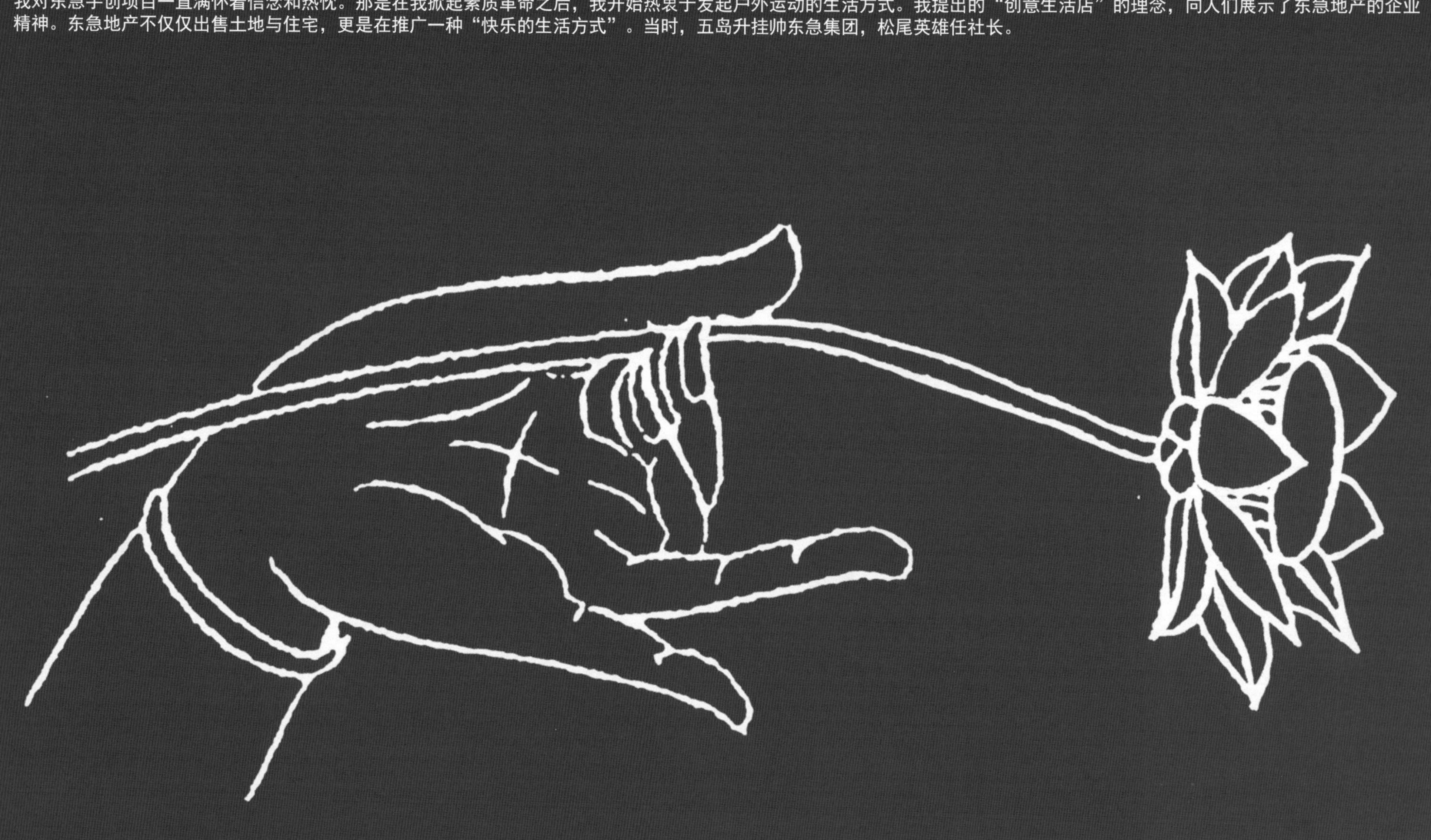

CREATIVE LIFE STORE
TOKYU
HANDS
LIFE STORE

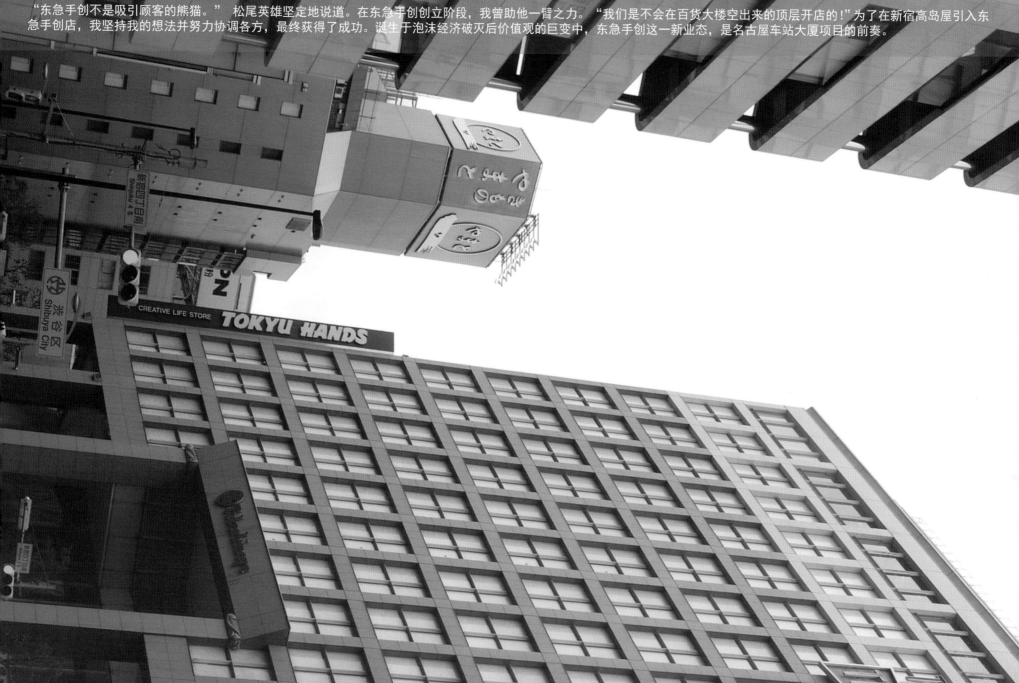

新宿高岛屋招引东急手创作为独立店铺入驻 1996

“东急手创不是吸引顾客的熊猫。” 松尾英雄坚定地说道。在东急手创创立阶段，我曾助他一臂之力。“我们是不会在百货大楼空出来的顶层开店的！”为了在新宿高岛屋引入东急手创店，我坚持我的想法并努力协调各方，最终获得了成功。诞生于泡沫经济破灭后价值观的巨变中，东急手创这一新业态，是名古屋车站大厦项目的前奏。

SQUARE
BEAUTY AVENUE
ユザワヤ
ユニクロ
UNI
QLO
紀伊國屋書店
TAKASHIMAYA

创业者热衷于美术，第二代继承者喜欢文化，第三代继承者对设计着迷 1979

如何有意义地利用普利斯通的创业者留下来的土地呢？我决定在这块土地上开展设计事业。建筑、画廊、杂志社，我对AXIS项目的策划是将这三者融会贯通。业主以及我的员工都劝我成立一家杂志社，前四期由我编辑以作为范本。现在，《AXIS》杂志还在发行。

生活にもっとデザインがほしい。アクシス 9月23日開館

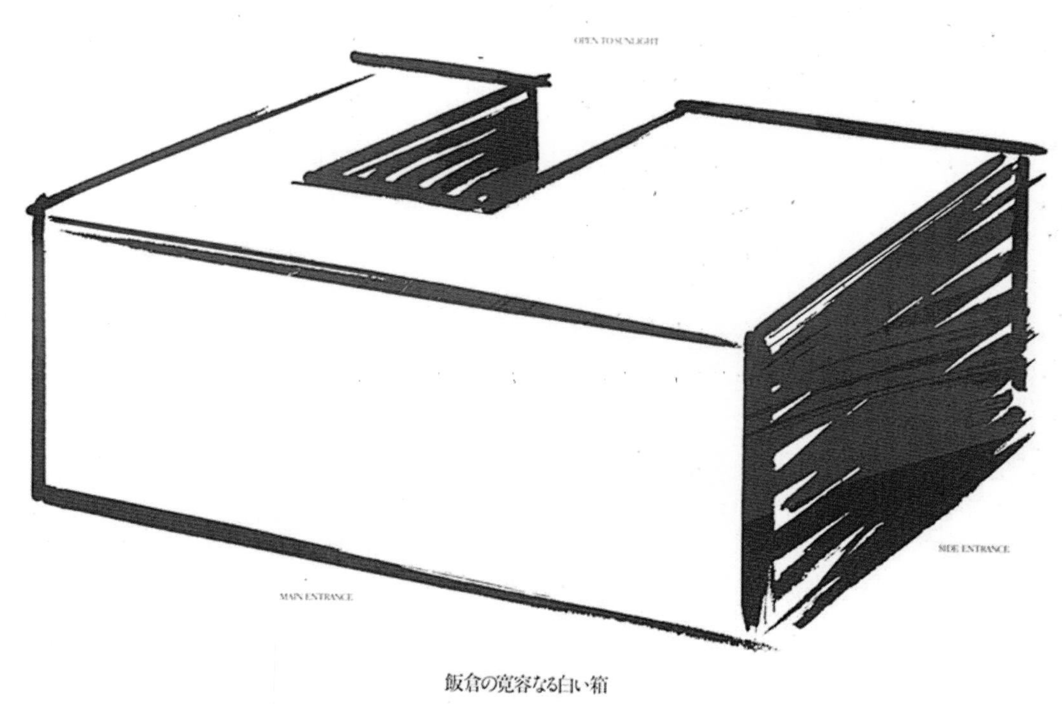

飯倉の寛容なる白い箱

living / design / concept

手をあわせて水を飲んだ時コップのデザインが始まりました。今一番大切なことは毎日の生活。なんでもない日常的地平を大切にして生きること。そのために自分の生き方、生活、身のまわりのモノを見つめなおす。そこに明確な自分の座標軸＝アクシスがみえてくる。座標をもった自信のあるテーストで選びぬかれたモノ、納得のいくデザインにかこまれた心地よく美しい日々。

AXISは包括的な生活をデザイン的視野で見つめ、積極的な提案を続けてゆきます。

東京都港区六本木5-17-1 〒106 TEL 03(587)2781(代表)

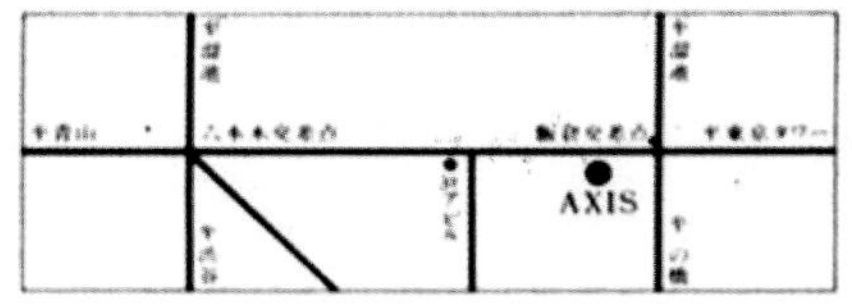

AXIS

CONCEPT & DESIGN

季刊デザイン誌[アクシス]創刊号
SEPTEMBER 1981
VOL. 1

特集：生活におけるエクレクティシズム

〈ECLECTICISM〉という一つの言葉にモダンというタイト・ジャケットを脱ぎすてて、ポスト・モダンへかけぬける鮮明なコンセプトをアイデンティファイするキーワードとしての役割を期待するのは結論のいそぎすぎだろうか。しかしながら、この時代を混乱とみたり、不確実性の時代とみるのはもっとせっかちであるような気がする。

史蒂夫·乔布斯也为之触动了吗？ 1981.09.23

看了AXIS大楼正门玄关的设计之后，你就会明白苹果公司的史蒂夫·乔布斯为什么也会对AXIS表示出强烈的关心。正是这个设计项目使我有了更多的机会结识世界各地众多热衷于设计的朋友。这个建筑静静地伫立在混沌而杂乱的六本木，仿佛一个象征性的雕塑，向世界传递着设计的奥秘。

AXIS
living /

保持内在的健康才是美容的关键 1986

研究资生堂企业战略的时候，我得出的结论是：健康与美容一样，也应该是要大力发展的事业。健身和疗养是资生堂健康产业发展的支柱。我策划了资生堂的ARK Hills店（迈克尔·格雷夫斯设计）和Collezione店（安藤忠雄设计）。

そのぶんだけ自然と感応する身体は病んでいったのである。

そして、今、都市文明の力でもう一度、ゆとりを持ち直し、

自分の身体を自然体にもどし、心を平常心に保つべく努力しはじめたのである。

フィットネスとはフィジカルにも、メタフィジカルにも健康であること。

快適な状態であること。自分がフィットネスであれば、まわりも心地いい。

どんな高級大型車のシートに沈んでいる人よりも、

自分の力ですがすがしく歩いている人の輝くヒフとシェイプアップされた肉体に

魅力とあこがれを感じるのは私だけではない。

内なる自然と外なる自然の、こだわりのない感応

人が自然や神と共に、ただ在ったころ、人はみな本質的に健康であった。

人は人自身について深く知らなかったけれども、

自分たちが自然の中の一部ということだけは、はっきりと認識していた。

健康・・・・・内なる自然と、下界の自然がこだわりなく感応しあうこと。

地震、洪水、嵐、火事、旱魃は宇宙の真理、大自然のごく自然な営みである。

地、水、火、風、空などのエネルギーの多寡によって引き起こされる

これらの現象も、人間の側から見ると脅威そのものなのである。

都市文明はたしかにこれらの自然現象から

人類をいくぶん楽にさせてくれたかもしれないが、

整体性恢复：全能的体育场馆

1986

迈克尔·格雷夫斯认为健身房作为重要的社交场所，其设计模式非常重要。比如泳池，不仅仅是游泳锻炼身体的地方，更是志同道合的朋友们畅谈之所。我们要为实现这种健康的生活模式营造环境。希望这种健康的休闲模式能在日本形成成熟的产业。

霍洛尼奇体育馆 委托方：资生堂 策划：滨野安宏 设计：迈克尔·格雷夫斯

研究并建议一种新的生活方式：睡在地板上　1970

Something Else的人气随着《素质革命》一书的畅销而不断上升，Lofty公司从床上用品的设计开始，其品牌产品覆盖了日常生活的全部，对日常生活进行了富有生活气息的商品化。世界上的年轻人都可以舒适地睡在地板上。重新审视日本的被炉、小餐桌，以及可以灵活使用的室内空间，这个项目的策划理念提出了生态生活的思维方式。

Stream

设计时尚的被炉，人气骤增 1970

Something Else公司在推出用白木制成的被炉顶板之前，市场上只有合成树脂装饰板与麻将桌的设计。2000年下半年，日本人的生活化商品终于开始逐渐普及了。60年代末期开始的素质革命催生了许多新的生活化产品与新业态。滨野团队和Something Else一起引领了70年代的流行趋势。

改变我们生活方式的光、风、形 1983

我终于说服了松下精工的社长仓俣史朗先生，推出了小型电风扇。这款产品可以根据放置的位置和方向的不同，来调节室内的冷暖。宫城壮太郎在我公司任职的时候，开发了对眼睛有益的照明装置。这真是一个充满传奇的设计团队。我们在探索着全新的生活方式，设计出了崭新的产品。

社长办公室里造型美观的按摩椅 1999

在井植敏先生还担任三洋会长的时候，我向他提议将三洋电器废弃的工厂空地有效地利用起来。当时还没有外观设计良好的按摩椅。据说员工们认为，外观设计得好看的东西都卖不出去。我找到了市场需求后，将按摩椅的设计委托给了深泽直人。毫无疑问，这款产品长久热销。所以，千万不要小觑日本人的审美力与财力。

忘掉家具吧！没有比冰箱更难看的家具了

1999

在我家，厨房里的冰箱也总是要尽量隐藏起来。要是有适合放在会议室不碍眼且设计优良的冰箱就好了。三洋在井植会长时代，设计出了这样节能环保的冰箱。人们可以非常方便地自己拿取矿泉水、绿茶等小型瓶装饮料。另外，办公室按摩椅也是在井植先生的建议下开始设计并最终实现的。

SOHO REFRIGERATOR

produced by TEAM HAMANO

Commercialization SANYO

NEW OFFICE

NEW STANDARD

AMENITY

EGALITARIANISM

SELF SERVICE

BE GOOD FOR HEALTH

MINERAL WATER

SIMPLIFICATION

SUPER FLAT

ARTISAN

HANDMADE

QUALITY

CREATIVE

ORIGINALITY

コンパクトサイズの卓上タイプ冷蔵庫／350ml角ペットボトル46本収容可能

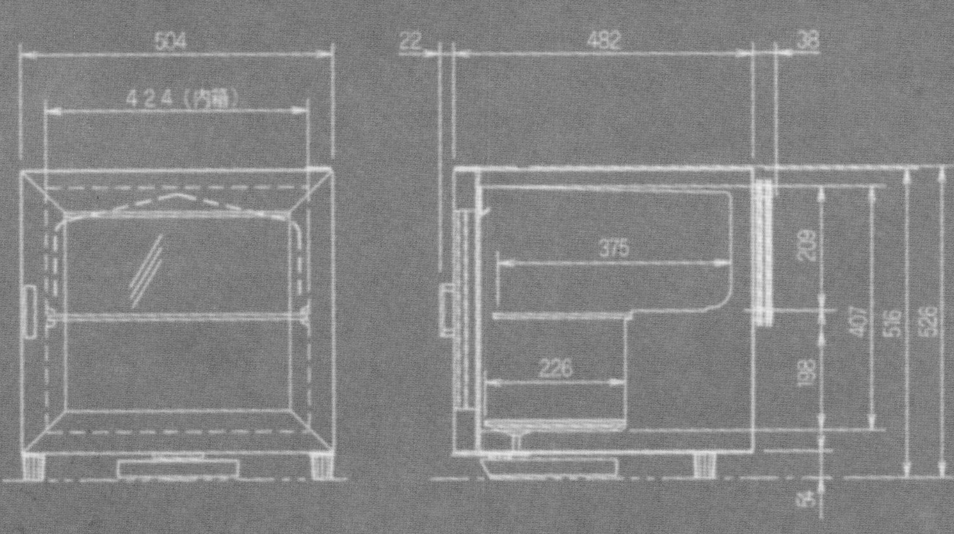

■外形寸法　幅504×奥行 520×高さ526
■電　　源　単相100V　50／60Hz
■有効容積　35リットル
■庫内温度　3℃～10℃
■消費電力　82W／86W
■製品重量　35Kg
■冷　　媒　HFC-134a

新SOHO家具行业的创立

1999

仅仅是我和巴塔哥尼亚公司是改变不了整个街区的，还需要一些志同道合的战略伙伴。引入最前沿的家具设计店，创立了国际化家具的新业态。我参与投资并注册了hhstyle.com网站。世界上设计优良的家具通过网络进行销售，由此也竖立起了一面旗帜，同时也发起了猫街改造协会。

委托方： Cranes Agency　投资方： inter. office Ltd.　综合策划：滨野综合研究所　建筑设计：妹岛和世建筑设计事务所
摄影协助：inter. office Ltd. hhstyle.com

青山拥有如此SOHO的顶层房屋

2001

终于说服了富士通公司这样的大企业，他们同意在闲置的小块土地上建造一座SOHO建筑。这个项目设置在青山可谓是意义重大，因为它可以树立富士通的良好形象，即富士通是能给高新技术开发企业、中小企业提供空间的大公司。青山的古董街在迎来好几次大的调整期之后，这一次终于可以实现大的转型了。

OMNI SOHO 委托方：富士通商务系统 策划：滨野安宏 建筑顾问：建筑研究会

法语“La une”意即“唯一” 2002

在选择一款商品时，需要运用你的思考、哲学、智慧。 Something Else, La une, Concept File……这些企业一直都强调这样的观点。三井地产的广告语“我选择我喜欢的生活”也是我提出的。一把椅子、一张桌子、一间厨房、一个碟子、一只小碗，都是自己充满自信的选择，都值得自己珍爱。

La une

店铺本身成为一个自主选择良品的数据库 1999

我绝不会放弃我本应该在伊势丹实现的理想业态——“概念组合”。在伊势丹的全盛时期，我提出的策划方案没有被采纳，职业女性的商品在其商品卖场随意堆放。我必须洗雪这个屈辱。我不能辜负那些赞成我的观点的董事们对我的期待。

CONCEPTFILE

For simple Chic Life Style

- シンプル・シック・ライフスタイルのために -

自分の好きなライフスタイルを実現するには、満足できる道具や服や食べ物がいる、家がいる。
いいモノや環境にはコンセプトがある。生活の達人たちによって、自然に形作られてきたモノ、
時空を超えて使われてきた生活道具、衣服などのコンセプトを
シックなセンスでシンプルに集約し、再創造して提案するライフスタイル・ストア。

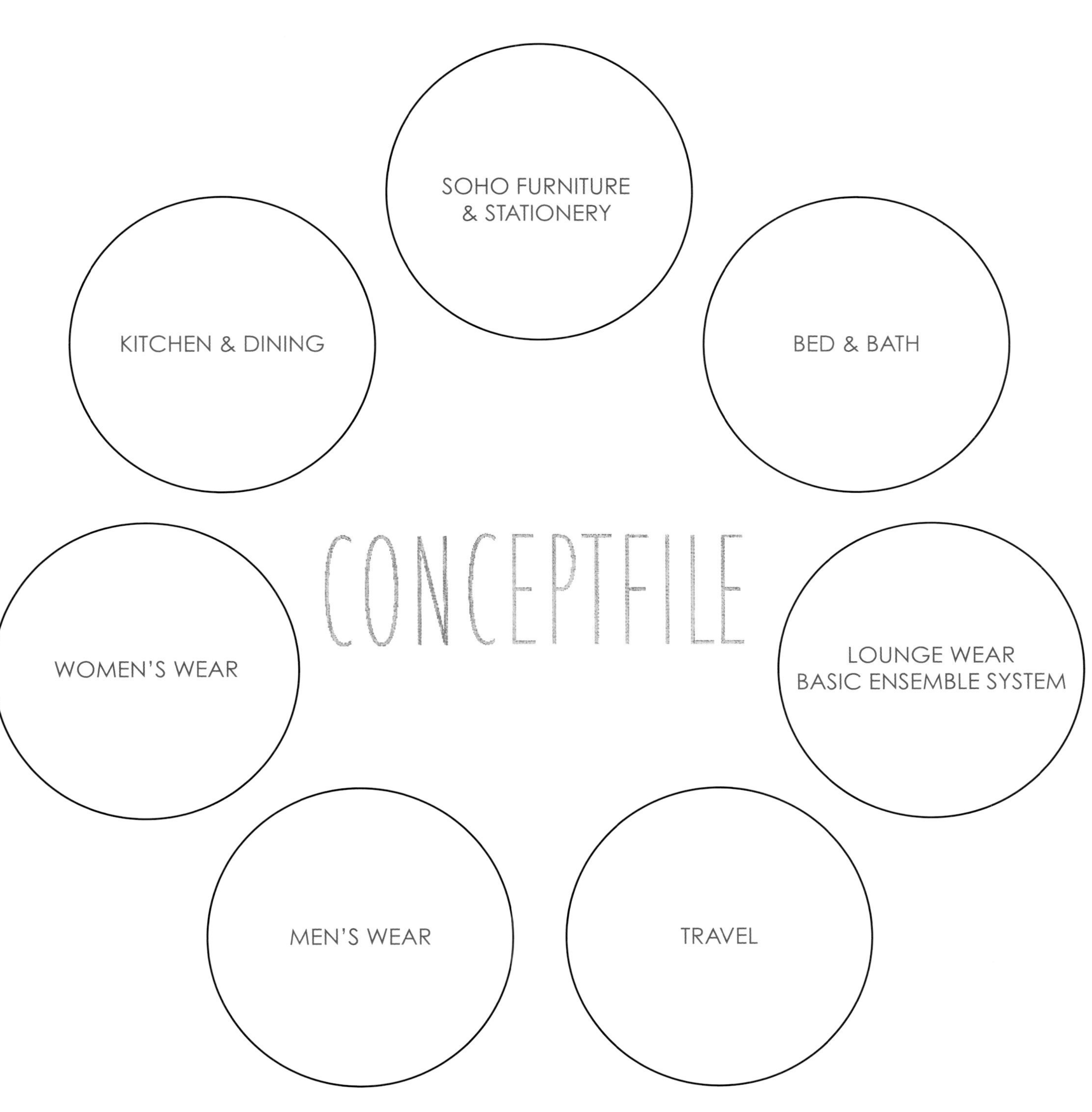
SOHO FURNITURE
& STATIONERY
KITCHEN & DINING
BED & BATH
CONCEPTFILE
WOMEN'S WEAR
LOUNGE WEAR
BASIC ENSEMBLE SYSTEM
MEN'S WEAR
TRAVEL

さあ皆んなで！
今すぐ
断崖絶壁へ爆走する火だるまの列車から飛び降りて
もっとちがう　本当の人間の生き方をさがそう
皆んなが　一人　一人
そうしなければ
いくらでも列車は崖に近づいてゆく
そのまま自殺したい人は　行くがいい
僕は止めはしない

1971

革命其实很简单！《素质革命》成为畅销书

每个人都在生活中探险，寻找着自己满意的方向，这就是革命。意识形态和武器什么的都不需要。在每天的吃、喝、服、鞋、车、住……中，认真地度过每一天，这就是革命。凑合着过是绝对不行的。我们要自然的、率直的、深入的生活。首先从没有家具的生活开始，探索各种生活直至实现返璞归真的革命，这才是划时代的设计。

浜野安宏

質素革命

原点の発見

ニュー・ライフ・スタイル

すべての若い仲間たち！

いますぐほんとうの人間の

生き方をさがそう！

ビジネス社刊/580円

LIFESTYLE REVOLUTION 1971

ライフスタイルを初めてビジネスにした本

 ——《素质革命》1971年 滨野安宏著 商务社出版

长寿饮食法：心如明镜后感性获得解放 1971—1992

我拜师于长寿饮食法的创始人樱沢如一先生，学习料理和哲学，比如阴阳、身土不二、一物全体。从土地里生长出来的东西尽量原汁原味地食用。菜根需竖着切。吃糙米、胡麻盐，喝蔬菜汤，吃无农药的家常菜。在我将近三十岁的时候，我实践了我的素质革命，写下了此书，这本书也是当时的畅销书。而这一思想的主线就是长寿饮食法。

——与樱沢如一先生在"地球游谈"节目中对谈，接受烹饪指导。

探索、创造SOMETHING ELSE 1970

为了实践素质革命，我抛弃了旧物，离开了亲人，也离开了家。栖息在空空的屋子里，苦苦寻找着某种特别的东西。穿什么样的裤子？穿夹克吗？吃什么呢？家呢？家具呢？SOMETHING ELSE是生活方式的品牌，生活的所有一切都应该商品化。尽管如此，我也未能感受到“拥有”的意义。

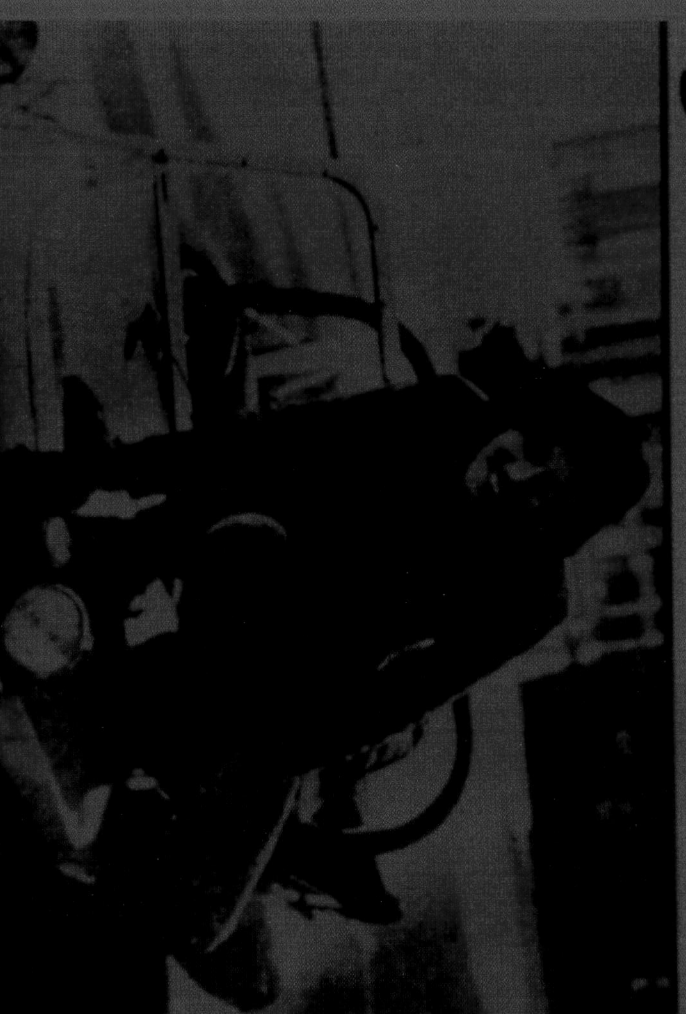

PANTS SHOP
SOMETHING ELSE
TOKYO BOUTIQUE KYOTO
フィーリング時代の元祖 浜野安宏の店
"生活の実感"を売る店 11月21日開店
サムシング エルスは「何か、もう一つないか」という意味です
ファッション遷都——ファッションの都を京都へ移します
二つの店を開店します 男物も女物もあります
パンツ——バンタロン、ジーンズ、ガウチョ
シャツ——ボディ・シャツ、シャツ・ドレス、Tシャツが中心です
コート、ジャケット、ミディ、マキシー、スーツ、ベルト、バッグもいっぱいです
SOMETHING ELSE BOUTIQUE PANTS SHOP
ファッション ストアーズ
BAL
6F中央階段ヨコ
TEL・075
223-0519
SAN-JYO
BAL
SHI-JYO
KAWARAMACHI-DORI

SOMETHING ELSE
TOKYO BOUTIQUE KYOTO

素质革命！靛蓝的人群，占据伊势丹的前场 1971.04.25

穿着靛蓝色服装的年轻人聚集在新宿步行街。象征人、地、天的三色地球旗在空中飘扬，这里不需要国旗，只需要地球旗！因为今天宣布4月25日为地球日。这些服装在伊势丹的一楼入口处SOMETHING ELSE的卖场很快被售卖一空。但是随后社会朝着泡沫经济发展，最终崩盘。

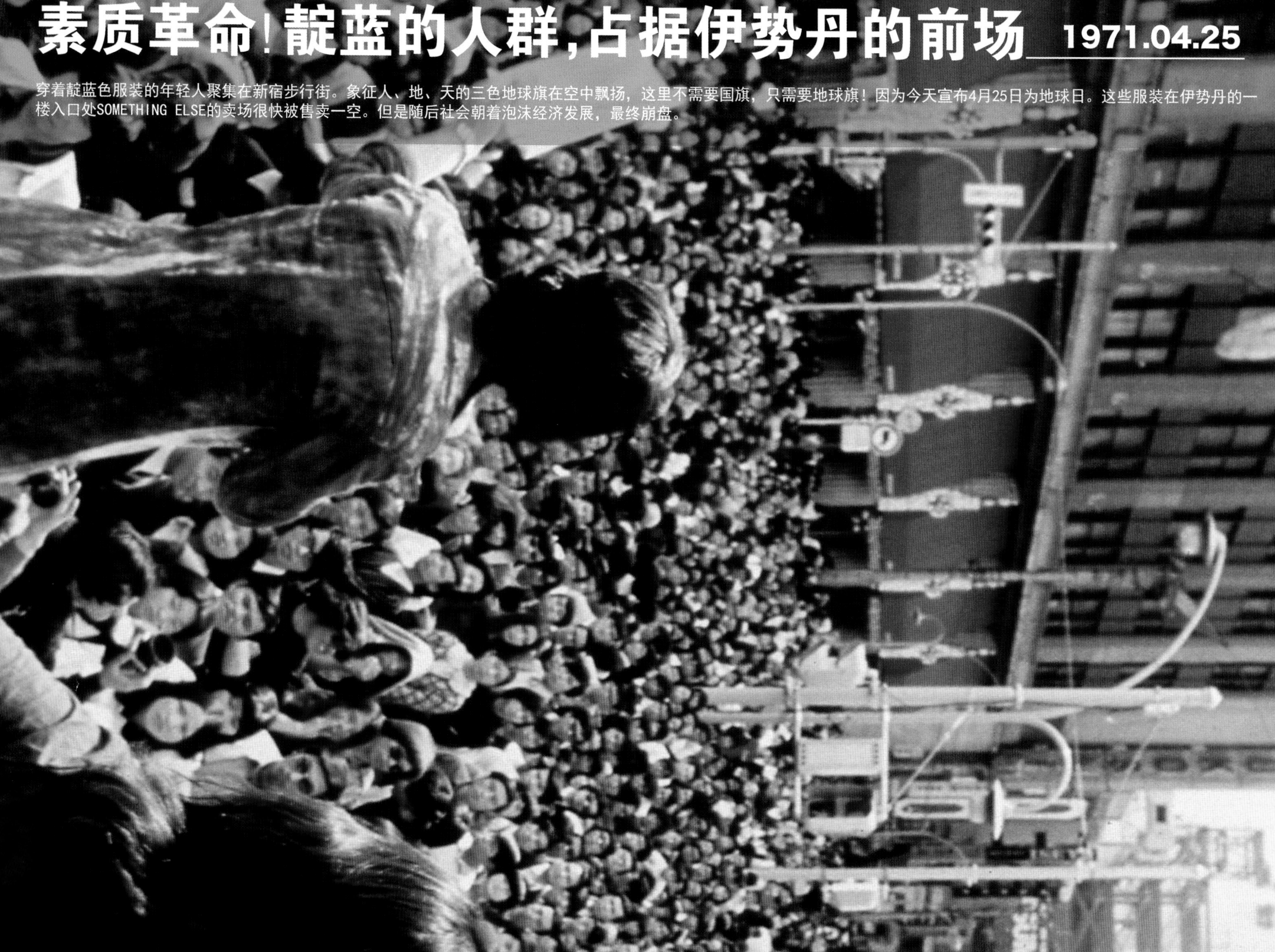

点燃广岛奥林匹克圣火的那一刻是废核运动的重要一刻 2011

在东京再举办一次奥林匹克运动会不过是一场热闹的活动。但如果是在广岛举办的话，我将尽全力为之奔走，为广岛筹措资金。广岛奥林匹克的策划书，目前仅有一部分在广岛的市议会上公布。以核爆孤儿的摇滚歌手为主人公的电影策划，也只向很少的一部分人介绍过。“不能这样利用广岛这个核爆受害地区和核爆受害者！”人们反对这一想法。

心形人高声呼喊着：“放下双手,迈开脚步！”

杜鲁门总统授权进行的核实验，造成了40万民众被杀害，也致使日本投降。

我想将它作为某部电影的符号，在QFRONT的建筑上使用了这个艺术形象，它还隐藏着更深的含义。

让我们在广岛点燃圣火之时，实现全世界无核武器日。

唤醒在广岛投下原子弹的美国人的良心。

只需要一美元，请为美国向广岛投放原子弹、无数无辜市民被残忍虐杀的事件，
显示出你的反省和你的废核意志。
将“为广岛捐出一美元”运动推向全世界。

我积极地联系了我的美国友人。有良知的美国人越来越多。
我越来越感觉到团结有良知的美国人的重要性。
当然欢迎一百万美元甚至一亿美元的捐助。
只要是发自美国人内心良知的捐赠，我们都会向奥巴马总统致谢。

戴维·克里格，核时代和平财团的创立者，是和我相交多年的老朋友。
诗集《神的眼泪——广岛·长崎原子弹 超越国境》的作者，是我们强有力的支持者。
他推荐特德·特纳为运动领袖。

特德·特纳是CNN新闻电视的创始人和拥有者。
吉米·卡特是美国前总统，也是我的飞钓好友，我和特德·特纳也是钓友。
这些朋友都会为我们提供一些帮助。

一个个有良知的美国人，实实在在地团结在了一起。

美国硬币上首次出现美国原住民的头像　2000

一美元硬币上的人物原型是萨卡加维亚，她是一个孩子的母亲（丈夫是法国人），16岁的美国原住民（希望大家不要称她为印第安人）。在路易斯和克拉克向西海岸前行探路时，她是他们的向导。毫无疑问，在道路不通也没有桥梁的时代，她是开拓西部道路的一位关键人物。我策划了《萨卡加维亚》这部大型电影，为一美元硬币的发行造势。

LIBERTY
IN GOD
WE TRUST
2000
P

鲜花染色的服装向我们诉说：地球只有一个 1972

继“素质革命”之后，SOMETHING ELSE在名古屋举行了“花的革命”运动。运动包括一群年轻人打扫车站的“make it clean”活动，还有百货店的女员工向路人送上鲜花的“say it with flower”活动。鲜花企划公司为我们征集了大量的郁金香。藤舍名生（当时还叫推峰）用横笛演奏了摇滚音乐。

one
EARTH

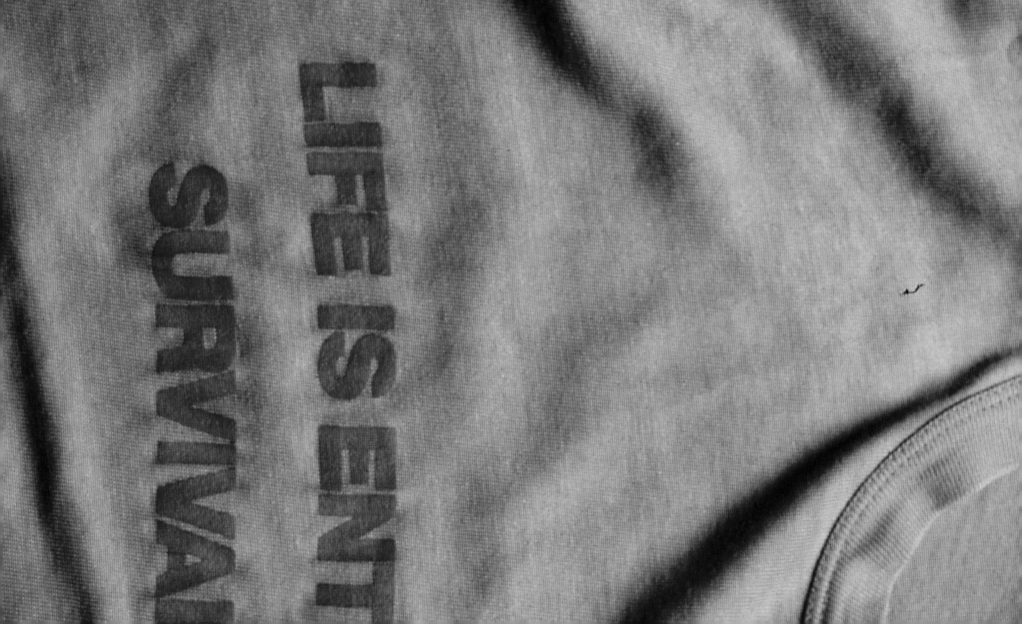

我的一句话被确立为公司理念 1983

“Life is entertainment. Survival is a game.”这是我创造的新野生学主题。ESPRIT创始人道格拉斯·汤普金斯将这句话确立为ESPRIT的企业理念。他制作了这件T恤后，没过几年就离婚了，他卖掉了公司股份，走上另一条伟大的人生道路——去智利创建自然公园。我也开始制作电视系列节目“地球游谈”，和世界各地的环境保护活动家们一边游玩一边畅谈环境保护问题。

ERTAINMENT
IS A GAME

来吧，来吧，每天都听到山岳的呼唤 1991

“祝贺啊！”伊凡在4200米海拔的大提顿山顶上，挥舞着手里的香槟，将酒水一股脑儿地泼到了我身上。“我要涅槃，再度重生！”我大声地呼喊着，声音回荡在遥远的山谷间，那里有我的家。“你看！滨野，接下来我们要挑战那些山峰，比这座山还要高，那里兴许能钓到金鳟鱼呢！”

"伊凡，我也能攀登上去吗？"

"嗯，滨野你能行，一点都不难。

我手握绳缆走在前面领路。"

我想在我50岁生日这天登上这座山。

如果能登上大提顿山，我就会改变我的工作方式。

我要做自己想做的事情，过自己想过的生活。

抛弃50岁之前所有的妥协，走向自己的信仰之路。

完成自己曾经的梦想。

把自己剩下的梦想传递给下一代人。

父亲的修验道、我的修行、挑战修炼的红衣父子 1991

在修验道上，登山不叫登山，叫入山。父亲在比睿山延历寺出家，然后一直修行，最终成为天台宗修验道进山修行的指导达人。他在世的时候一直都是我的老师。东急手创的命名和释迦佛祖的手有至深的关系。旺文社标识中的“旺”字，是父亲赋予其“旭日升起”的含意。这些都是极高的思想理念。我将头发染成黑色，身着红服，凝神深思。

左：滨野勇作（1907—1978） 右：滨野安宏（1941— ）

安静！树木神灵正在你的心中

1992

新西兰的原住民毛利人的首领，毛里·马斯登先生向我教授了与自然进行交流的方法。河川是自然母亲的乳汁，不可让它枯竭。毛利人口约41万，而新西兰的总人口约430万，羊有4000万只。由于羊群的数量过多，导致大量的树木被伐，大片土地被改造成草原。河流也因此渐渐枯竭，自然母亲的乳汁也在慢慢地消失。

在侏罗纪森林里和恐龙一起沐浴，万岁！ 1992

南洋杉这种神秘的树种至今已存在了两亿多年。感谢道格拉斯·汤普金斯，是他让我有缘认识了马克斯·尼夫，尼夫让一群头戴抵抗运动贝雷帽的男人把我带到了这里。这是一次比发现任何历史遗迹都更让人兴奋的邂逅。为了这些孜孜不倦保护树木的同志们，我们必须筹集更多的援助资金。

光芒如洪流，光芒扬撒倾泻，被光芒追逐 1976

如同进入迷幻状态，我沉陷在深深的幻想之中，我仿佛乘着紫红色的光芒在飞翔。从密克罗尼西亚的丛林到无人海滩，我沐浴在阳光之中，然后在银河星云的隧道中骑着自行车回到了村庄。从感觉的解放到返璞归真，我的认识得到了扩大，喜悦之情也油然而生。

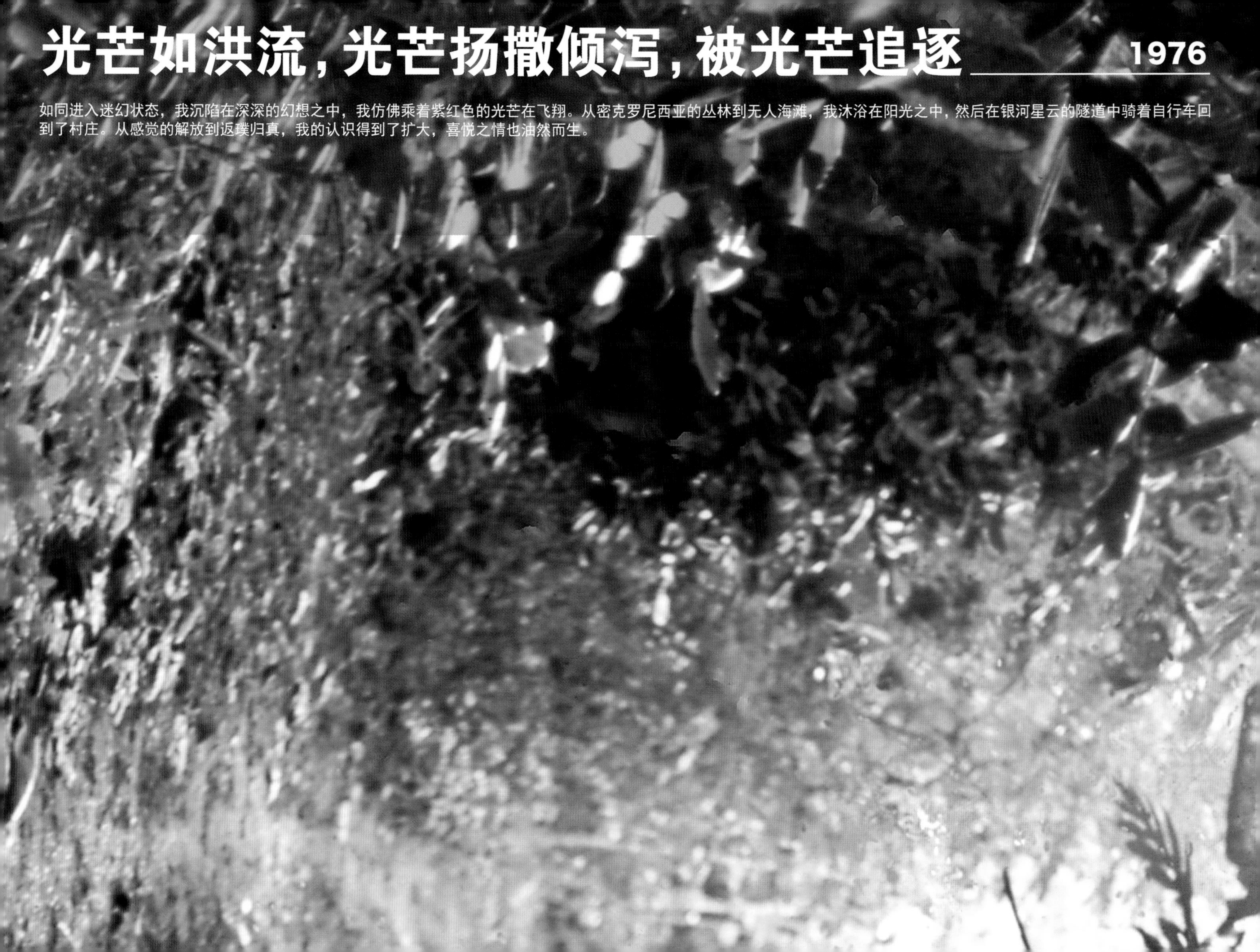

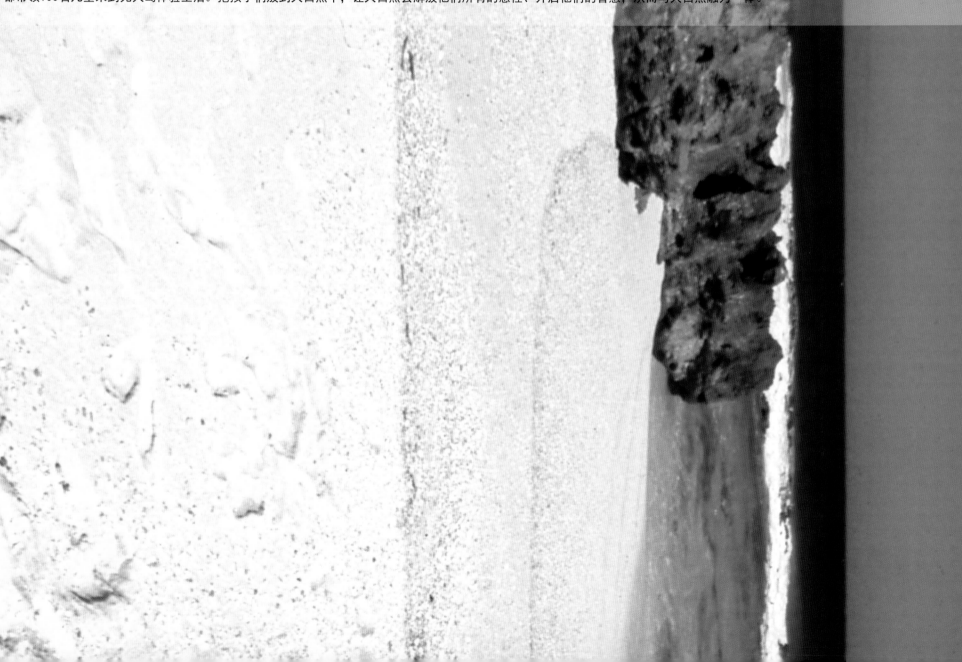

以裸体之身思考生活，都市与自然的两栖类 1971

到密克罗尼西亚去，到太平洋去，我设立了密克罗尼西亚协会（现为太平洋诸岛地域研究所）后，策划了太平洋儿童周的活动，成立了滨野自然学校。20年来，作为校长，每年我都带领100名儿童来到无人岛体验生活。把孩子们放到大自然中，让大自然去解放他们所有的感性、开启他们的智慧，从而与大自然融为一体。

 —— 罗塔岛，全裸的30岁的滨野安宏

在大自然中，共同创作巨型艺术作品　1976

自日本密克罗尼西亚协会成立以来，我一直担任该协会的常务理事。我策划了“太平洋儿童周”，成立了“太平洋自由学校”。作为校长，每年我都会带领100名儿童轮流到帕劳、PhonPei、特鲁克和塞班岛等四个岛屿进行野营活动。在那里，我们通过冥想、艺术、钓鱼、探索遗迹等方式，来解放我们的感觉，扩大我们的认识。

滨野自然学校校长：滨野安宏 花的艺术：麦沼良树 摄影：神原卓实

化身为鱼、花、水、鸟 1987

文部省认同了这个学校“共育”的创办理念，并授予了学校法人资格。但是，由于各种束缚和经费上的短缺，为了维持这个以自由与创造力为精神支柱的学校，我不得不亲力亲为。那时，我们还没有自己的房子，也没有蒙大拿的牧场，巴塔哥尼亚的创始人伊冯·乔伊纳德将自己家的庭院借给我们使用。

河口堰抹杀了最后一条没有大坝的河流

1979

面对公众的无知，我们无能为力，只能尽自己的力量清理河边的垃圾。在100公里以上的河流中，长良川可谓是最后一条清澈的河流。直至河口堰开始施工将长良川截流为止，文化人、名人、媒体等谁也没有发出任何声音。只有加藤登纪子女士，用一把吉他坚持着自己的反对运动音乐会，为此还受到政府官员的诸多阻挠。

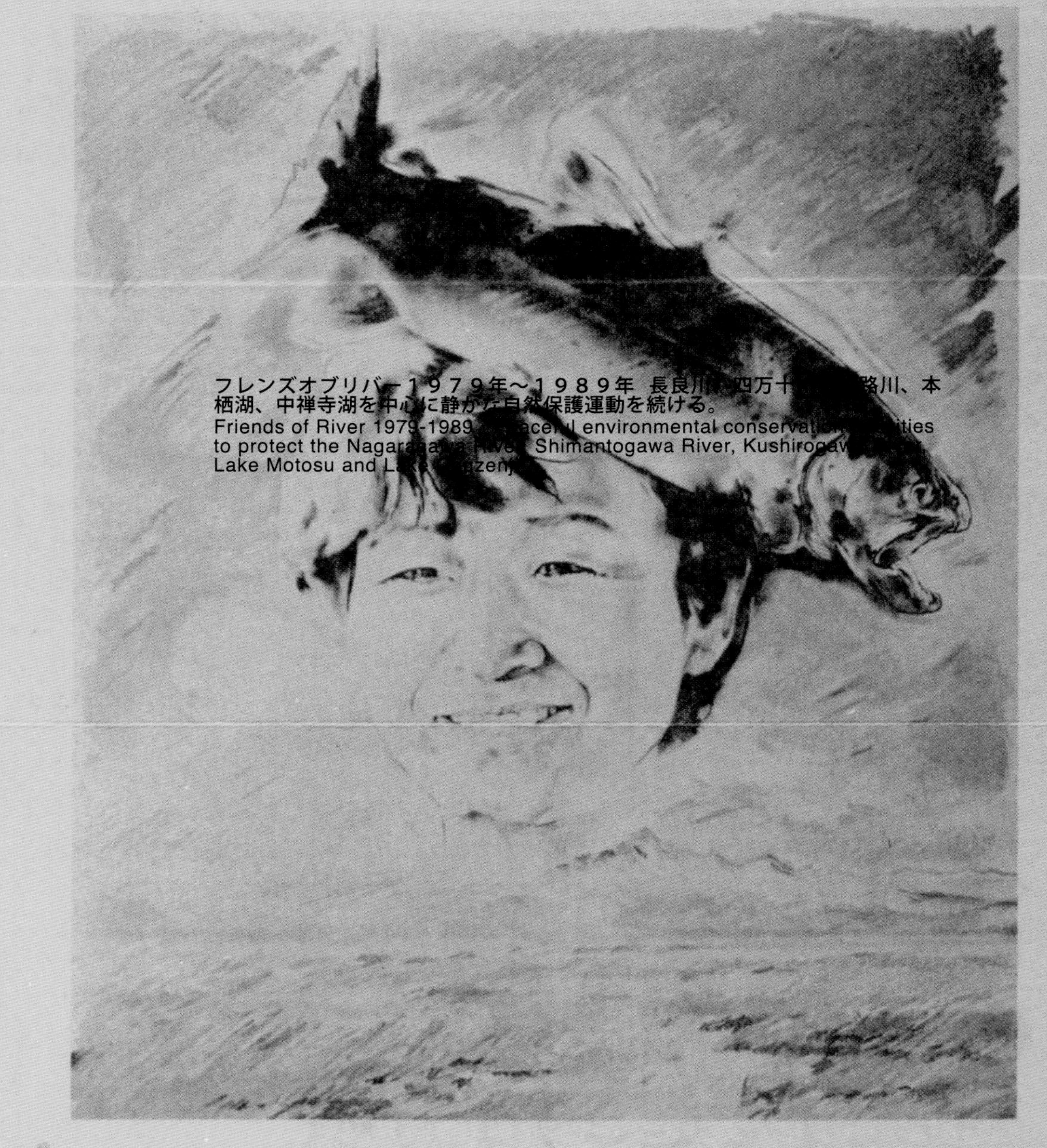

フレンズオブリバー１９７９年～１９８９年 長良川、四万十 路川、本栖湖、中禅寺湖を中心に静かな自然保護運動を続ける。
Friends of River 1979-1989 peaceful environmental conservat ities to protect the Nagaragawa River, Shimantogawa River, Kushirogaw Lake Motosu and Lake zenji.

自分ひとりからの出発

総合プロデューサー 浜野

加藤登紀子コンサート

日時/57年5月19日(水)、20日(木) 開場P.M.6:00 開演P.M.6:30 A席=¥3,000 B席=¥2,500
会場/東京・五反田ゆうぽうと〔東京簡易保険郵便年金会館〕国電 五反田駅下車5分
主催/水と土の会・東京 協賛/大地を守る会 フレンズ・オブ・リバー
お問い合せ/水と土の会東京事務所 〒151東京都渋谷区千駄谷5-16-10 1104 TEL.03-350-1196

NEWS 1 JUNE, 1981 VOL.-1

FRIENDS OF RIVER

フレンズ・オブ・リバー　河川湖沼およびそれをとりまく自然を愛する仲間たちの集い

フレンズ・オブ・リバー事務局 〒106 東京都港区西麻布1-9-7

魚や鳥や木のように この美しい地球にとって まったく無害な存在に すこしでもちかづくために

浜野安宏

私は川を愛しています。とりわけ美しい空気とみずみずしい木立の緑ときらめくあったかい太陽の光りにつつみ込まれて、川のそばに居ることが大好きです。

もしかしたら私は美しい水の中から生まれてきたのではないかと思うほどに狂おしく水が恋しくなることがあります。

澄みきった川ときらきらした太陽の中での幸せな釣りは私を無我の境地に導いてくれるのです。

魚や鳥や木は偉大な先生です。大地、水、風、火、空、そして輝く太陽も先生です。ほんとうに学ぶのは自然からだけでいい。

だから至福の時をもつには美しい自然澄みきった川、健全な魚、フィッシング・ロッド、そして正直でやさしい心があればいいのです。

すぐれたフィッシング・ロッドやその他の釣り道具や丈夫なアウトドア・クロージングは金さえあれば手に入れることができるようになったけれども、その他はどうでしょうか。時々、はんとうにちよっぴりだけ充たされることはあっても、いつも何かが足りません。自分の心が貧しく、いらだっていたり、川がきれいでも全然魚がいなかったり、自然の生態学的な循環がめちゃくちゃにこわれていたりして、なかなか至福のうちに生きている実感をもてないことが多いと思いませんか。

近代日本はもっぱら重化学工業に偏重して猛スピードで走りましたが、自然・文化・そして人間のやさしい心がどこかに置きわすれられてしまったのです。

GNPのためとあらば、どんなに美しい川でも、すばらしい文化を誇る村でも巨大なダムによって消滅させられてしまいました。そしてたしかに私たちはその科学技術のトータルシステムである都市文明によって欠乏から解放され、物質的豊かさという点ではゆきすぎるほどの充たされようです。

しかしながら都市文明にひたり込んでいると自然のありがたさを忘れてしまい、魚や鳥や木や水とのうまいつきあい方を見失なってしまいます。私たち現代人は感謝すべき自然にあまりにも不作法すぎると思います。

この地球は、私たち今生きている人間の分ぐらいはなんとかしてくれるのでしようか。否、私たちのふくらんで奢った欲望にこたえるほどのゆとりはもう残されていません。そして私たちがこの美しい一つしかない地球を破滅に追いつめたら、私たちのこどもたちのこどもたちのこどもたちの時代には、どうなってしまうのでしょうか。

スペースシャトルが出来たからといって何も変わりはしないのです。一番大切なのは自然を師とし、友とし、そこに在ることを至上の喜こびとする仲間たち一人一人の行動なのです。

誰かがやってくれると思わないことです。魚や鳥や木のように、この美しい地球にとって、まったく無害な存在に、すこしでもちかづくためには、私たちの一人一人が、やれることから始めるしかないのです。

ゴミ一つだって「きたない！汚れている」という前に自分たちでひろい始めればいいのです。自分一人ががんばっても皆んながやらなければどうしようもないと思ってしまえばこの世は終りです。逆に自分一人でもやれることをやればきっと皆んなもわかるようになるだろうと考えればいいのです。

具体的なアクションとして、ムーブメントとして、自然保護活動をする人は楽天家でなければならないと思います。私たちF・O・Rの会員はなんでもポジティブに考えます。決してネガティブにはなりません。（実はネガティブでマイナーな方が日本ではかっこよくみえるというばかげた風潮があります。）

何もしないで文句ばかりいっているより、ゴミ一つひろってもいい、一匹の魚をリリースしてもいい、たとえそれしかできなかったとしても何もしないよりはいいに決まっているのです。そんな愛すべき、すばらしい会員の数が全国に世界に増えていったら、それだけでパワーになるはずです。

とりあえず五年ぐらいかけて日本のどこかに〝トラウト・サンクチュアリ〟や〝サーモン・サンクチュアリ〟その他魚たちの聖域をつくりだしたいのです。決して夢ではありません。会員の良心と行動とそして、私たちを支援してくださる資金があればできると思います。

もちろん日本の内水面の釣りやアウトドアスポーツには数々の問題があります。問題提起の時代ではありません、ワン・ステップ歩みだす時なのです。私たちは釣り人であり、自然に魅入れられたアウトドア・スポーツマンであることを誇りに思います。最も足しげく、コンスタントに自然の中へ出かけてゆく私たちだけが自然を守れるのだという誇りを持ちましょう。

すでに北海道から、新潟から、静岡から、高知から力強く、具体的な行動が始まっています。一すじの川でいい、一つの湖でいい、一つの沼でいい、私たちの手で一つ一つ守りぬき、育ててゆきたいのです。

河流之友 1979—1989 以长良川、四万十川、钏路川、本栖湖、中禅寺湖为中心，默默继续着自然保护运动。

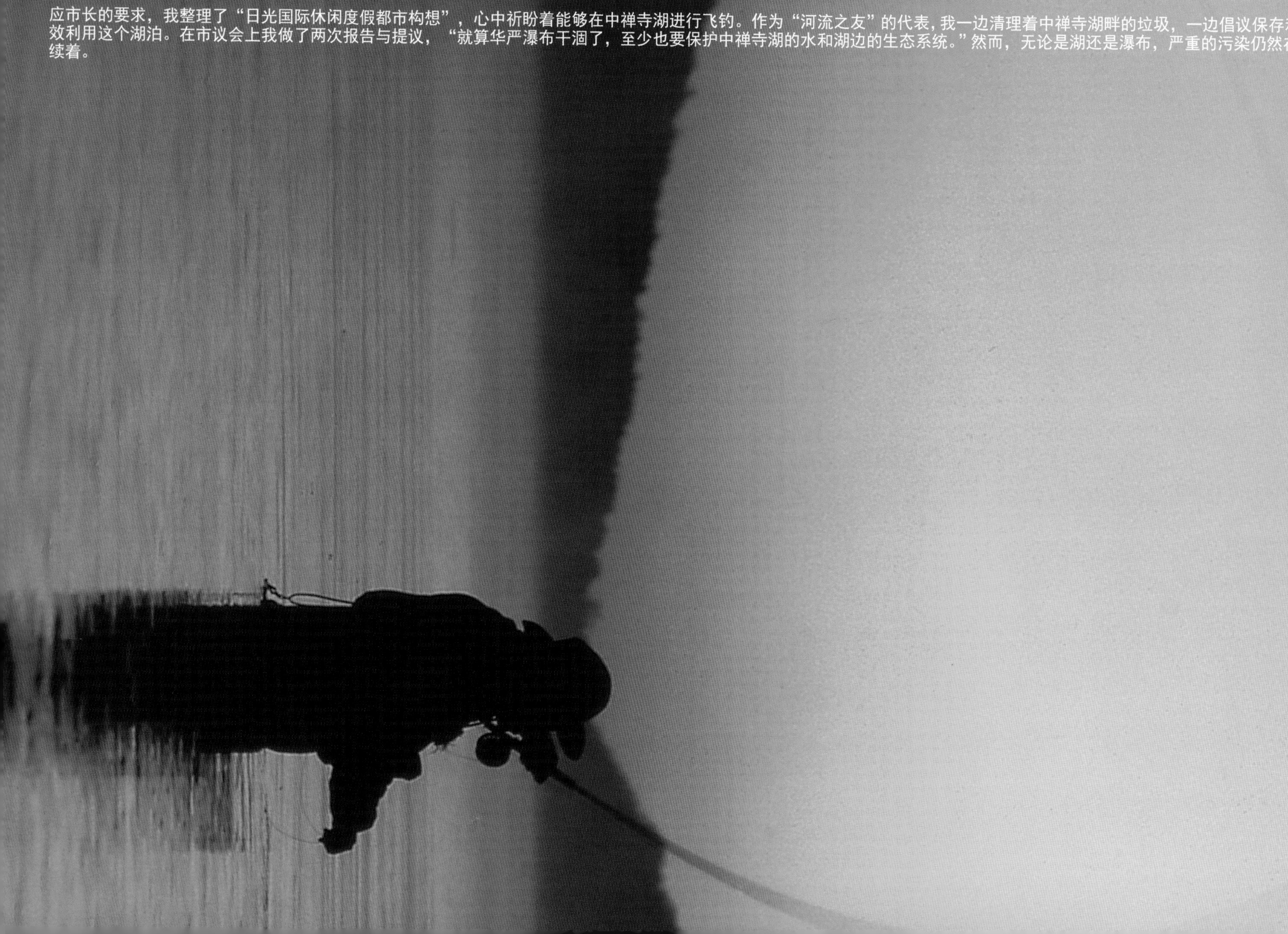

是中禅寺湖还是华严瀑布？选择迫在眉睫 1982

应市长的要求，我整理了“日光国际休闲度假都市构想”，心中祈盼着能够在中禅寺湖进行飞钓。作为“河流之友”的代表，我一边清理着中禅寺湖畔的垃圾，一边倡议保存和有效利用这个湖泊。在市议会上我做了两次报告与提议，“就算华严瀑布干涸了，至少也要保护中禅寺湖的水和湖边的生态系统。”然而，无论是湖还是瀑布，严重的污染仍然在继续着。

摄影：神原卓实

电影《鱼神》：拖延的实地采景 1982

在知床半岛采景的时候，我正为日活电影公司拍摄电影。没有签证就坐船到了国后岛。冈本行夫先生向外务省介绍了我，并且为我举办了出版聚会、电影制作协助聚会等等。经济的跌宕，局势的变动，虽然有这样那样的原因，电影的拍摄一拖再拖，但是我的意愿也更加强烈，获得的支持也越来越多。

鱼神

某一天，我突然听到了一个声音：我——是——鱼——神。

它是进驻我心灵之神。不论是日常的生活中，还是在冒险的时候，

无论是在工作中，还是在脑子一片空白之后，

它仿佛时刻抓住我的心脏，让我感觉到它的存在。

我——是——鱼——神。

电影《鱼神》

“尽量把国后岛恢复到自然的模样，日本的

原生态风景要尽量保存下来。”

在国后岛，电影主人公就这样一边嘶喊着，

一边任由鳟鱼拖着慢慢死去。

“鳟鱼不是无缘无故成为幻影的，是我们人

类让它们成为了幻影！是资源倾斜的渔业和

我们肆无忌惮地开发……”

另一位主人公作为年轻的巨大鱼的钓师，

他满怀着愤恨继续着死者未竟的自然保护活动。

曾经梦想成为爵士乐歌手的美丽的女主人公

在两个男人、自然与城市中漂泊，逐渐走向独立，

就仿佛回溯河流寻找出生之地的鳟鱼一般。

——在早春的知床半岛采景，可以看到身后不远处的国后岛

鱼仿佛是一种神灵，钓鱼之旅就是向神巡礼　2000

第一次写小说，写完之后一心想把它拍成电影，各种想法在脑子里相互碰撞。从专业作家的角度来看，关于我的理念我写了太多。但是书中的深刻思想，来源于野地生活的体验、荒野中孤独一人时的深思，这些都是一般作家们难以涉及的意境。因此，我想最后通过自己创作的影像，把自己的想法展现出来。

小説
さかなかみ
浜野安宏

イトウは好んで幻になったんじゃないんだ
イトウという魚を幻にしたのは人間なんだ。俺たち、お前たち、日本人じゃないの
人間の身勝手な選別にかけられただけなんだ。
イトウを幻にしたのは近代という身勝手な時代に乱開発と公害をまきちらしてき
日本人だ。俺たちだろう!お前たちだろう……

廣済堂出版　定価 本体1800円

浜野安宏

フォトエッセイ——巨大魚釣狂詩

さかなかみ巡礼記

開高 健が恐れた巨大魚釣り師がいた

ある日、魚神ではなく、さ・か・な・か・みという音が言霊のように聞こえてきた。心の中に棲みついた神。釣るか、釣られるか！今日もあの巨大魚の呼ぶ声がする。開高 健と浜野安宏を会わそうとした人々がいる「あの人とは同じ幻持っとるさかいな・・・・」幻を釣ってからだと作家が避けた男の狂気と鬼気の黙示録。地球遺産の巡礼記

廣済堂出版　定価 本体2200円 ＋税

先到先得 1992

在阿拉斯加，我和一个阿伊努族的老人带着传统的马利克（捕鱼工具），到清澈的河里去捕捉了许多鲑鱼。我从阿拉斯加的州长那里了解到了如何保护原住民在湖内捕鱼并给予优先权的方法。在日本也曾发起过保护原住民的捕鱼权运动，并且拍摄了相关的电视节目。虽然被给予了权利，但是却没有人愿意去捕鱼，因为一旦到湖里去捕鱼，就会被认为是阿伊努族人。

自然、工作、人生，道格和伊冯是我的导师 1983

道格·汤普金斯高度评价了我给ESPRIT香港店所做的策划，他一直想给我介绍他的朋友伊冯·乔伊纳德，于是带着我乘坐他的塞斯纳飞机，飞抵伊冯·乔伊纳德位于杰克逊霍尔的山间别墅。在亨利斯河的捕鱼之旅中，我们三个人开始了非同寻常的人生。我由衷地感谢道格以及我的自然导师伊冯。

前总统是我的飞钓对手 1991

我在小镇的河边教授卡特总统日本式的一竿飞钓。1991年，高知县青年会议所为了举办全国大会，一直想邀请詹姆斯·厄尔·卡特总统赴日出席。因为前总统经常和我一起钓鱼，于是安排了我和前总统一起钓鱼的行程。那年因为昭和天皇病重，以及其弟比利去世等原因，未能去深山的溪流进行飞钓。我想为詹姆斯·厄尔·卡特在日本建造一个钓鱼场。

60岁成为流通之王，来自鲑鱼的激励 1982

创建了日本第一大零售业的男人开始对人生产生畏惧的时候，我带他去了阿拉斯加的荒野。那是让中内功印象最深刻的一次旅行。整整一周，年轻的钓友们不断给他鼓励。“想干的事情，就干净利落地去干呗！”“公司会被夺走吗？会倒闭吗？做了又怎样呢？”他仿佛被洗了脑一般，只有一个去实现梦想的念头。在他去世前，那个变得纯粹而近乎透明的中内功曾经拜访过我。

——文章出处：《花花公子周刊》第35期 1982年8月24日 集英社

每年夏天都去阿拉斯加，创建公司 1975—1985

我的飞钓工具架和书桌并排放着。我一直在电脑和工具架之间忙忙碌碌地生活着。这个杂乱的工作室浓缩了世界上所有的奥秘。冰岛、亚马孙、新西兰，我的心能瞬间飞跃到那些地方。充满了各种奇思异想的飞钓都是在这里诞生，这里也是思考和解读世界经济合理化奥秘的重要空间。

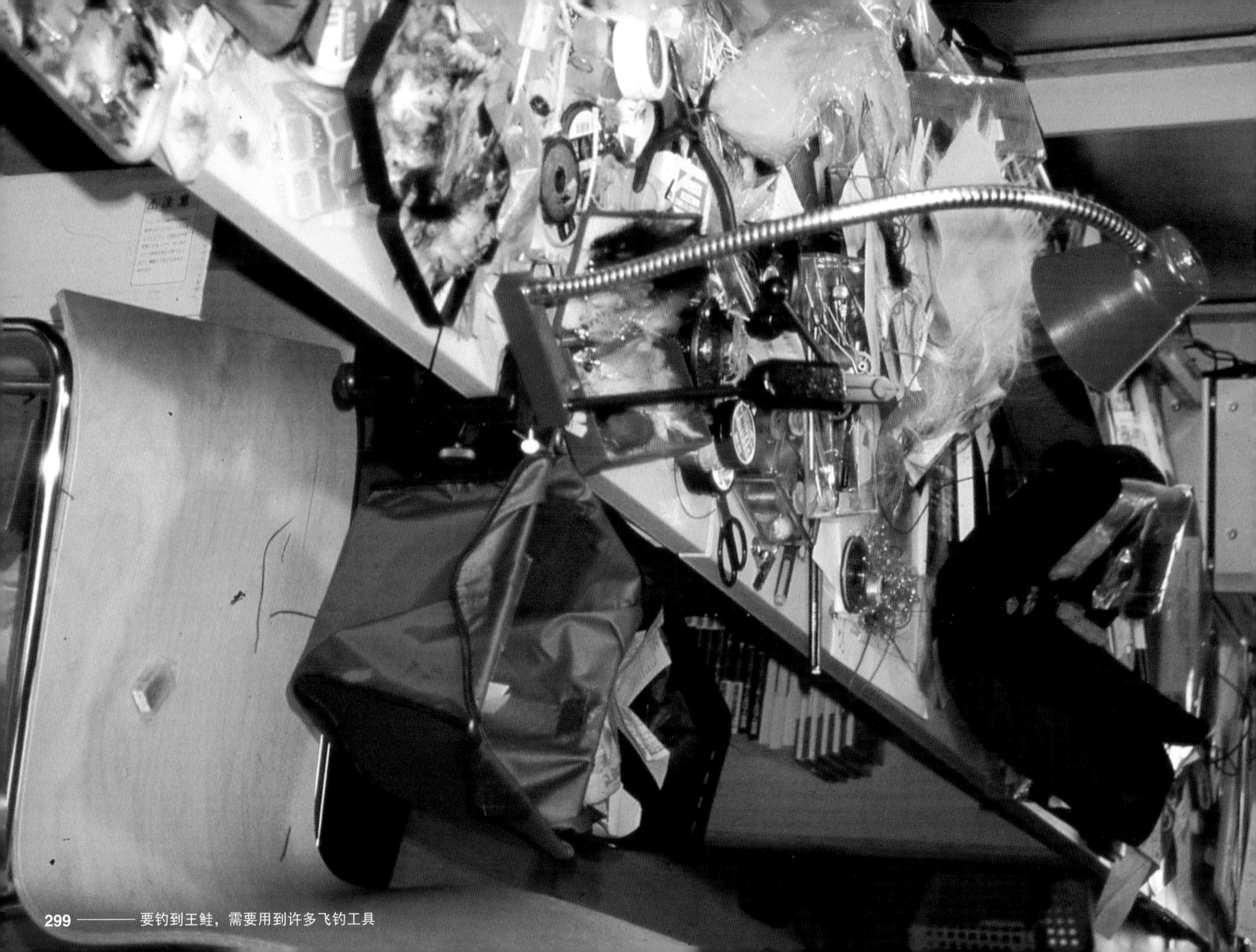

 ——要钓到王鲑，需要用到许多飞钓工具

发现良品，造就自信生活

沉迷于飞钓之后，我会到处寻购飞钓的用具。寻找优质的雨具，让我能在大雨中站立好几个小时，寻找理想的钓鱼背心、大旅行袋、重型户外靴、极致的羽绒服、好的火炉，每天我都在钻研着这些东西。后来实在是忍不住了，就跑出去把它们买了回来。

 —— 来源：《花花公子周刊》第36期 1983年8月30日 集英社

20公斤重的背包里装满了我的自信和智慧 1996

带着100个孩子去无人岛野营。回去的时候，大家乐观而坚强的面孔就是自信的证明。阿拉斯加10年、密克罗尼西亚群岛12年 、夏威夷群岛20年 ，一直来往于这些地方,还有美国的黄石国家公园、大提顿国家公园等等。我把锻炼培养出来的这些智慧，运用到了户外服装的生产和销售之中，获取的利润都捐赠给了NPCA。

NPCA
BASIC LAYERED SYSTEM

夏から冬、晴から雨が１日の中にあるアウトドア

NPCAのベーシック・レイヤード・システムは真夏から寒い風雨までをこのデイパック１つにシステム装備できます。中身を全て着てしまえば、パックは自らのポケットへおさまってしまうよう設計されています。

NPCAは1919年に設立された全米の国立公園を保護管理する環境保護団体（N.G.O.）です。イエローストーン国立公園をはじめとするアメリカの広大なアウトドアフィールドで活躍するレンジャーのユニフォームをモチーフに、モンタナ州のデザインオフィスより発信するアウトドアカジュアルブランドです。　ディレクション　浜野安宏

取扱店舗　ジャスコ全国主要店舗及び専門店にて1996年秋より発売
マスターライセンシー（問合せ先）住金物産株式会社NPCAプロジェクトオフィスTEL.03-5412-5073

世界级的“关”牌刀具，推向日本市场 1984

作为日本产业设计振兴会的委员，我的任务是振兴“关”牌刀具。将小刀和菜刀等刀具从出口转为内销，具有丰富的户外生活经验的我可以说是最佳策划人选，因为我使用过世界各地的户外刀具。我制作过各种尺寸的爱斯基摩万能刀，并试用于日常生活之中。原来这些刀具主要是用于狩猎，我增加了其用于钓鱼的功能。

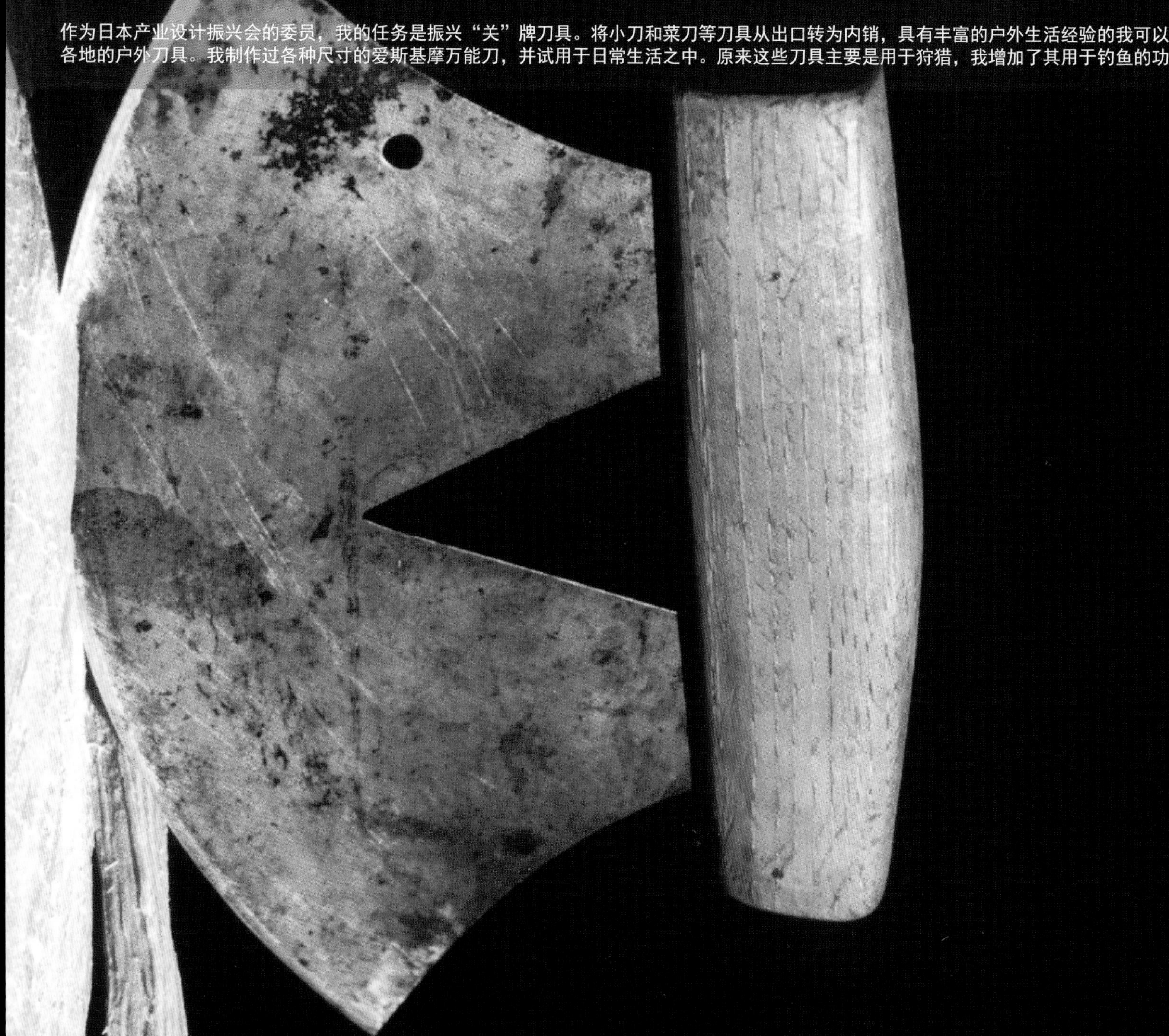

CHINOOK

创造钓鱼和户外运动的新业态

1984

关东北部的家居中心Kanseki的创立者服部吉雄，一直非常赞许东急手创的商业模式。我把他带到阿拉斯加和落基山脉，向他提议抓住先机，创办大型的户外用品专卖店。经过一番研究后，最终决定实施。大型郊外钓鱼和户外设备专卖店WILD-1成功开业了。服部吉雄去世后，这家店的生意依然非常火爆。

牛仔的生活方式才是牛仔裤理念的生存之道 1980

80年代，我和大荣公司的中内功一起开创了诸多涉及生活方式的企业。其中，JOINT是发展得最好、可持续性最好的企业。企业理念、MD、采购计划、店铺设计、市场促销、标识……我负责了所有的工作。JOINT向世人传达了牛仔的生活方式——健全自然、可持续性的生活。

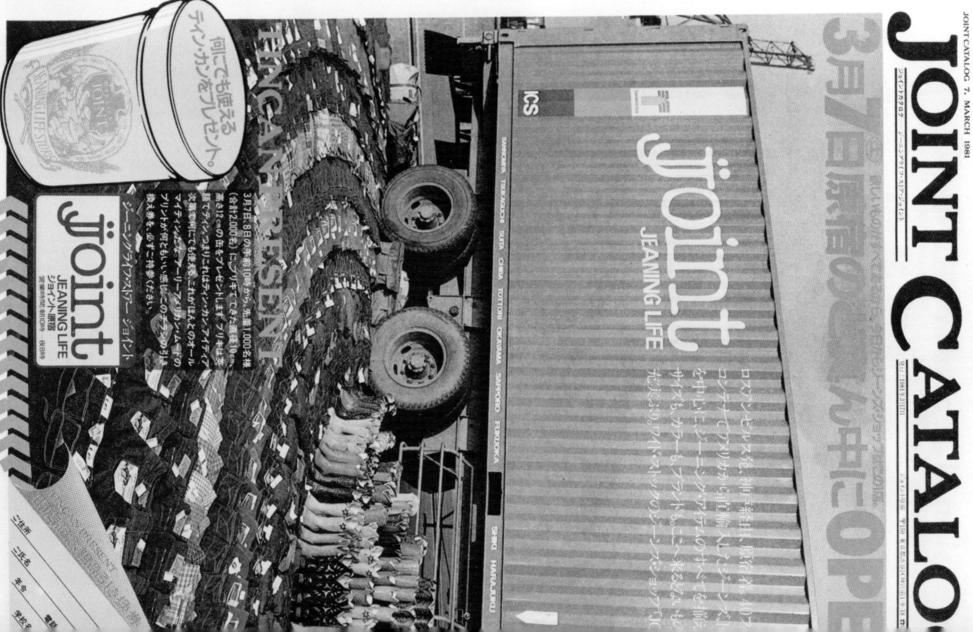

JOINT CATALOG 7. MARCH 1981

JOINT CATALO

ジョイントカタログ——ジーニングライフ・ストア・ジョイント

発行：1981年3月7日　ジョイント原宿　〒150 東京都渋谷区神宮前1-9-18

(土) 欲しいものがすべてあるから、今日からジーンズ・ショップはこの店。

3月7日原宿のど真ん中にOPE

ロスアンゼルス発、神戸経由、原宿着。40フ
コンテナでアメリカから直輸入したジーンズ
を中心に、ジーニング・アイテムのすべてを揃え
サイズも、カラーも、ブランドも。ここへ来るとない
充実ぶり。ワイド・ストックのジーンズ・ショップ「JO

joint
JEANING LIFE
ICS
SANNOMIYA TSUKAGUCHI SUITA CHIBA TOTTORI OKAYAMA SAPPORO FUKUOKA SHIKI HARAJUKU

TINCAN PRESENT

3月7日、8日の午前10時から、先着1,000名様(合計2,000名)に、ブリキでできた直径10cm、高さ12cmの缶をプレゼントします。ブリキは英語でティン、つまりこれはティン・カン。アイディア次第で何にでも使える、これがほんとのオールマイティン。アーリーアメリカン・ムードのプリントが何ともいい感じ。このチラシの引き換え券を、必ずご持参ください。

何にでも使える
ティン・カンをプレゼント。

JOINT
JEANING LIFE STORE

ジーニングライフ・ストアー ジョイント

joint
JEANING LIFE
ジョイント原宿
営業時間:朝10時—夜8時

ご住所
ご氏名
年令
電話
学校名

joint Catalog

JEANING LIFE 自然派のファミリー・ストアー ジョイント

ジョイントカタログ第３号 1977年７月10日 発行所 ジョイント 神戸市生田区三宮町1丁目32番地

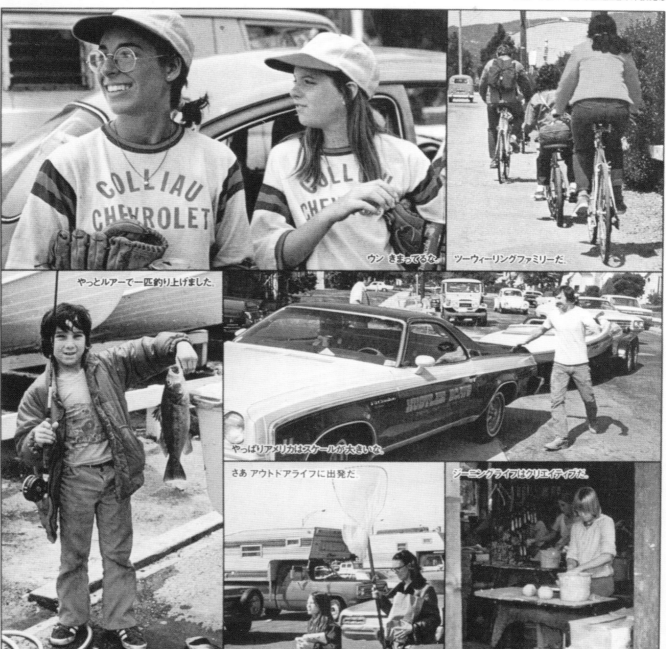

ウン きまってるな。

ツーウィーリングファミリーだ。

やっとルアーで一匹釣り上げました。

やっぱりアメリカはスケールが大きいな。

さあ アウトドアライフに出発だ。

ジーニングライフはクリエイティブだ。

ジーニングな暮らしが、ここにある！ジョイント、そのすべてをご紹介。

今年3月にオープンしたジーニングライフ・ストアー、ジョイント。ここには、毎日を快適に過すための道具がいっぱい。ジョギングシューズ、観葉植物、輸入ジーンズ、それから、アウトドア用品に家庭雑貨…。ベビーからおばあちゃんまでジーニングな生活道具が勢揃い！一度来てほしい。ジーニングライフとは何か、はっきり体験できるだろう。

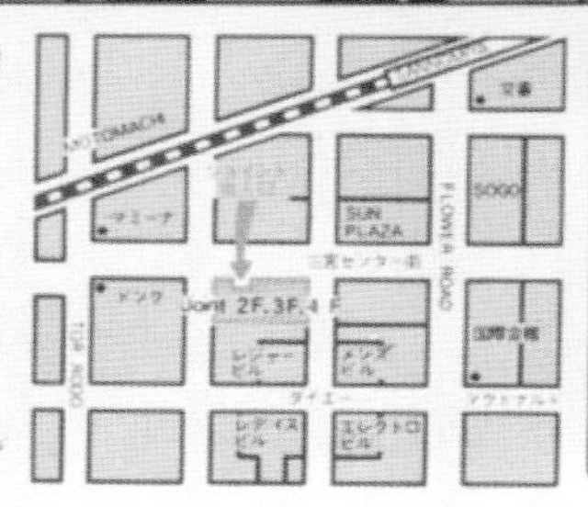

香港的古老建筑承载现代日本的记忆 1983

这是道格看过AXIS后委托给我的第一个项目，我推荐了室内设计师仓俣史朗和艺术总监八木保。道格对仓俣史朗和八木保的工作非常满意，又把这种设计风格充分运用到了他在洛杉矶和旧金山开设的店铺之中。八木保已经移居美国，可惜仓俣史朗却已撒手尘寰，只留下这个影响深远的店铺。

占得时代先机，掌舵健康风潮 1991

这块土地位于靠近洛杉矶海滨的郊外。如果能在这里建设绿白相间以体育和健康为主题的商业中心，毫无疑问将会引发流行的风潮。随后，可以在夏威夷开设2号店，在日本湘南开设3号店等等。我抱着如此宏大的梦想努力运作。和我一起努力的还有乔恩·杰尔德，他也为达成这个梦想而不辞劳苦。即使东急百货不能拿下这块土地，我们也会寻找新的买家。

—— 生态运动 委托方：东急百货店 策划：滨野安宏 市场营销：滨野美国 建筑设计：乔恩·杰尔德

在洛杉矶建设体育、健身、自然食品一体化的商业中心 1991

这是滨野美国创立以来的第一个大项目。这个项目得到了时任东急百货会长三浦先生的高度评价，并开始实施。在一开始进入设计阶段之时，日本的泡沫经济破灭了，项目被迫中断。充满宏大梦想的项目一个个被迫中断。这个策划方案后来被运用到了夏威夷白木屋（东急百货经营）大型体育商店的规划之中。

B. ZANSS

把自行车的世界推向户外、推向道路

1970/1984

通过AXIS项目我和普利斯通集团建立了长久的合作关系。我敏感地觉察到自行车和自行车配套用品的设计具有巨大的市场潜力，而我个人也越来越喜爱飞钓和户外运动了。于是在素质革命时期，持续的步行和自行车生活，使我自然而然地提出了自行车旅行的生活方式理念。

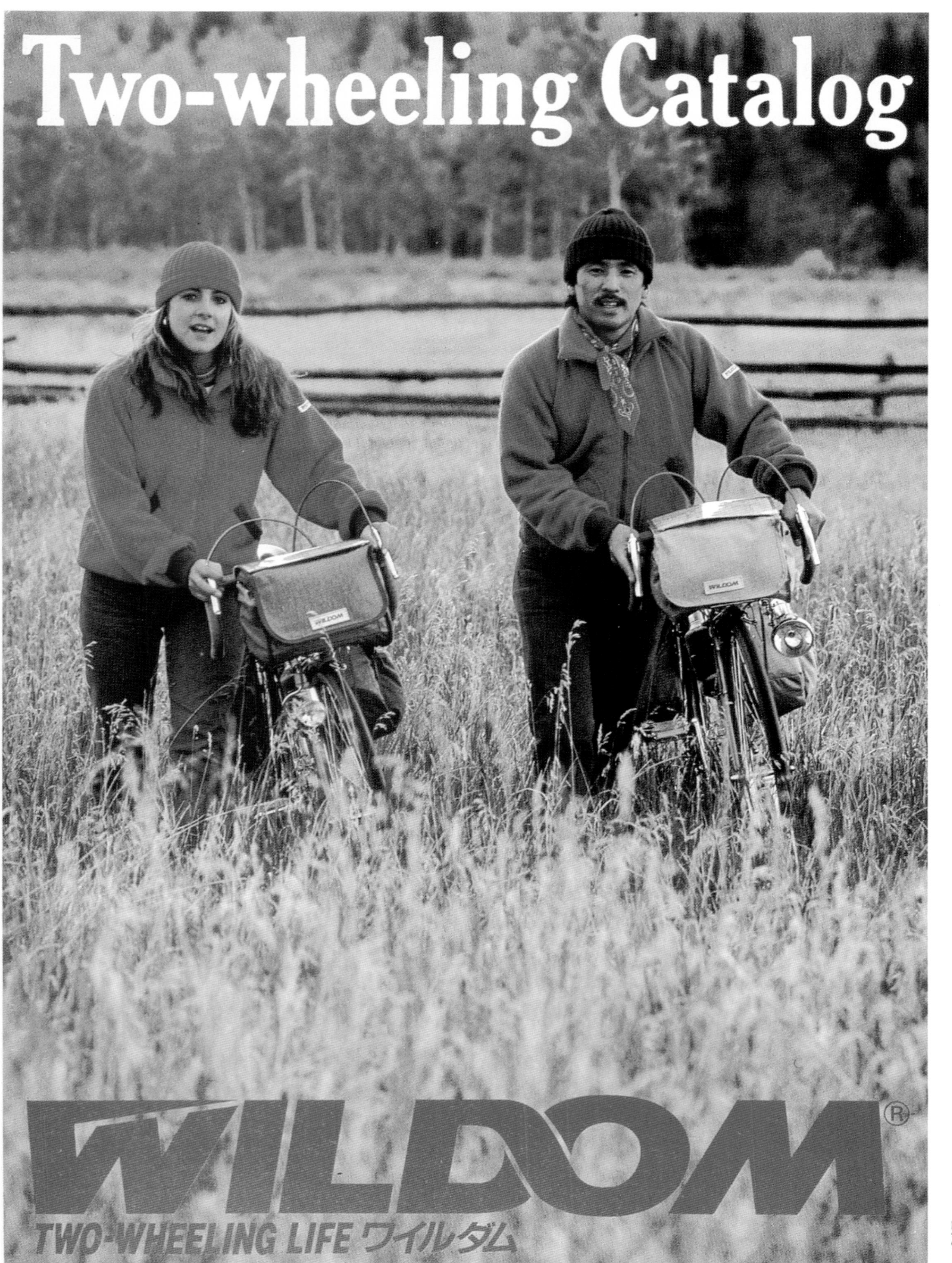
Two-wheeling Catalog
WILDOM®
TWO-WHEELING LIFE ワイルダム

阿拉斯加钓鱼的终极成果：全天候照相机 1976

对于HD-1照相机的开发，阿拉斯加的两个朋友给予了我全面的支持和帮助。宣传手册和广告我全部拜托给了这两位户外运动的专业人士。吉姆·若皮勒是人气电视节目“阿拉斯加户外运动”的主持人。钓到大鱼后，如果使用这种防水照相机拍照的话，把大鱼放生后也可以留下证据。这款相机可谓是钓鱼者善心的最好证明。

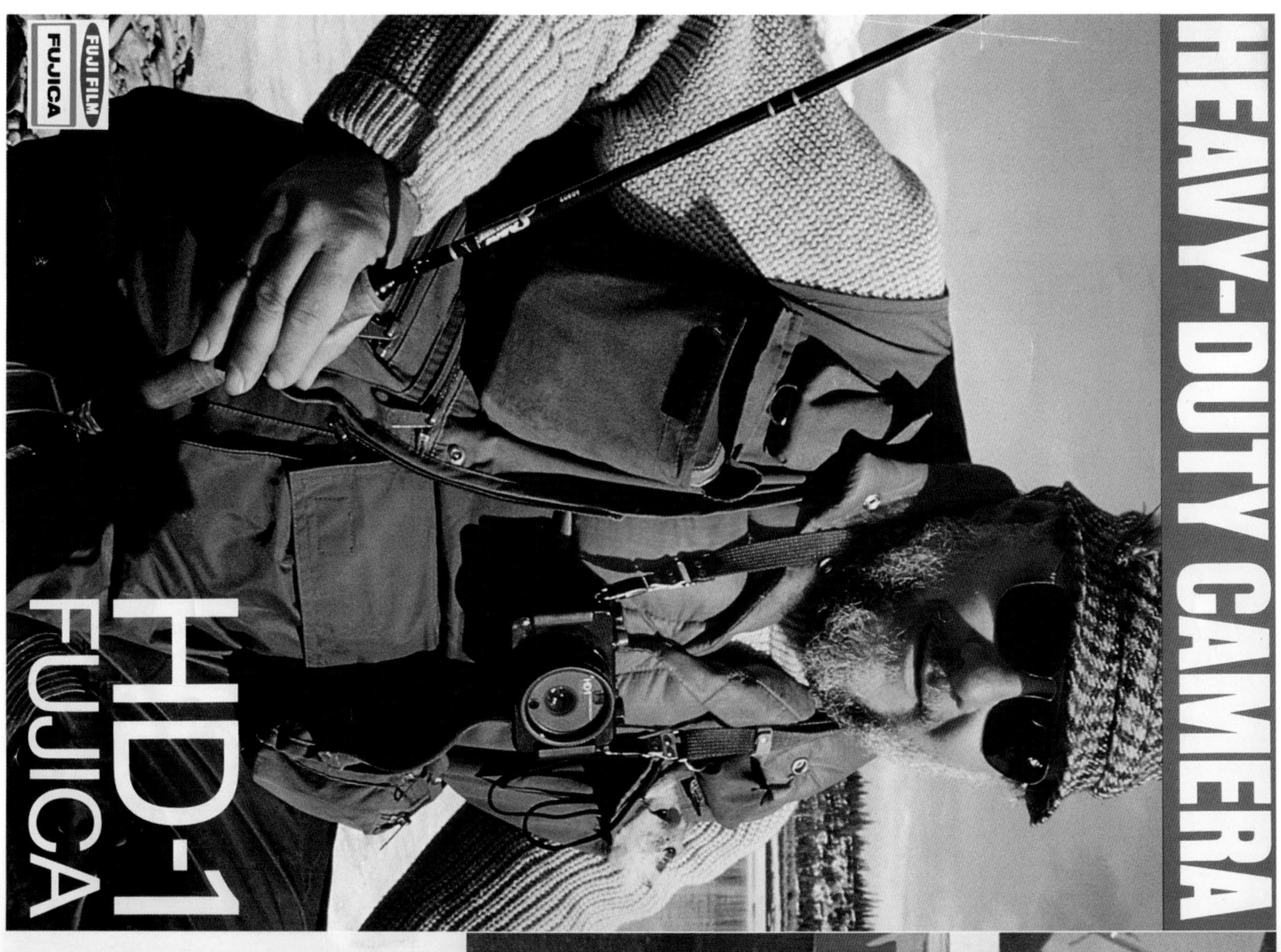

こんな頑丈なカメラがあるのだから、
釣った証拠は写真で充分じゃないか。

●*Loan Hyde (Fishing Guide)* —— 56歳

かつて、ローン・ハイドはミシガン湖にいた。しかし、アラスカに来て以来、今までに行った川や湖のすべてが色褪せて見えたと言う。「アラスカで仕事が出来るなら、人生は最高だ」。怒るように激しく彼は言った。一週間に5～6人の釣り人を連れてアラスカを案内する。「私はキングしか狙わない。だからリールもロッドも船も道具は全部最高のものを使う。そうしなきゃ、あいつに失礼というものだ」。「今じゃ、アラスカも自然が破壊されている。キング・サーモンが上って来なくなった川も出はじめた」。「だから決して殺さない。もちろん客にもキャッチ・アンド・リリースをすすめている」。「こんな頑丈なカメラがあるのだから、釣った証拠は写真で充分じゃないか」。

●洗えるヘビーデューティカメラ、HD-1 FUJICAは世界初の全天候型35mmEEカメラ。雨や波を恐れない生活防水機構は防砂・防塵の役割を果し、耐ショック性も一段と向上しました。

HEAVY-DUTY CAMERA

左：吉姆・若皮勒　右：罗恩・海德

做勇于挑战的摄影者和旅行者

1986

摄影师们喜爱钓鱼背心是有理由的，因为钓鱼背心的设计具有极高的完成度，可以放置各种工具。为了让两只手能空出来，可以把所有行李都背在背上，或者挂在胸前。重型装备可以配置轮子。这些设计理念主要来源于我在世界各地的钓鱼旅行中获得的灵感。我开始与世界级的户外运动服装结缘。

Nikon Tackle

为了心爱的鱼，穿上最好的衣服 1977

像游荡在欧亚大陆荒野之地的哥萨克勇士塔拉斯·布尔巴一样，我每到荒野中就会感受到一种喜悦。为了和鱼邂逅的那一刻，我得穿得潇洒舒适才行。我得穿上令我感觉最自信的服装。在塔拉斯·布尔巴这一品牌面世之前，我一直是穿着旧衣服去钓鱼的。ASCIS的创业者鬼塚先生也和我有同感，开始和我一起大力推动户外运动服装的开发。

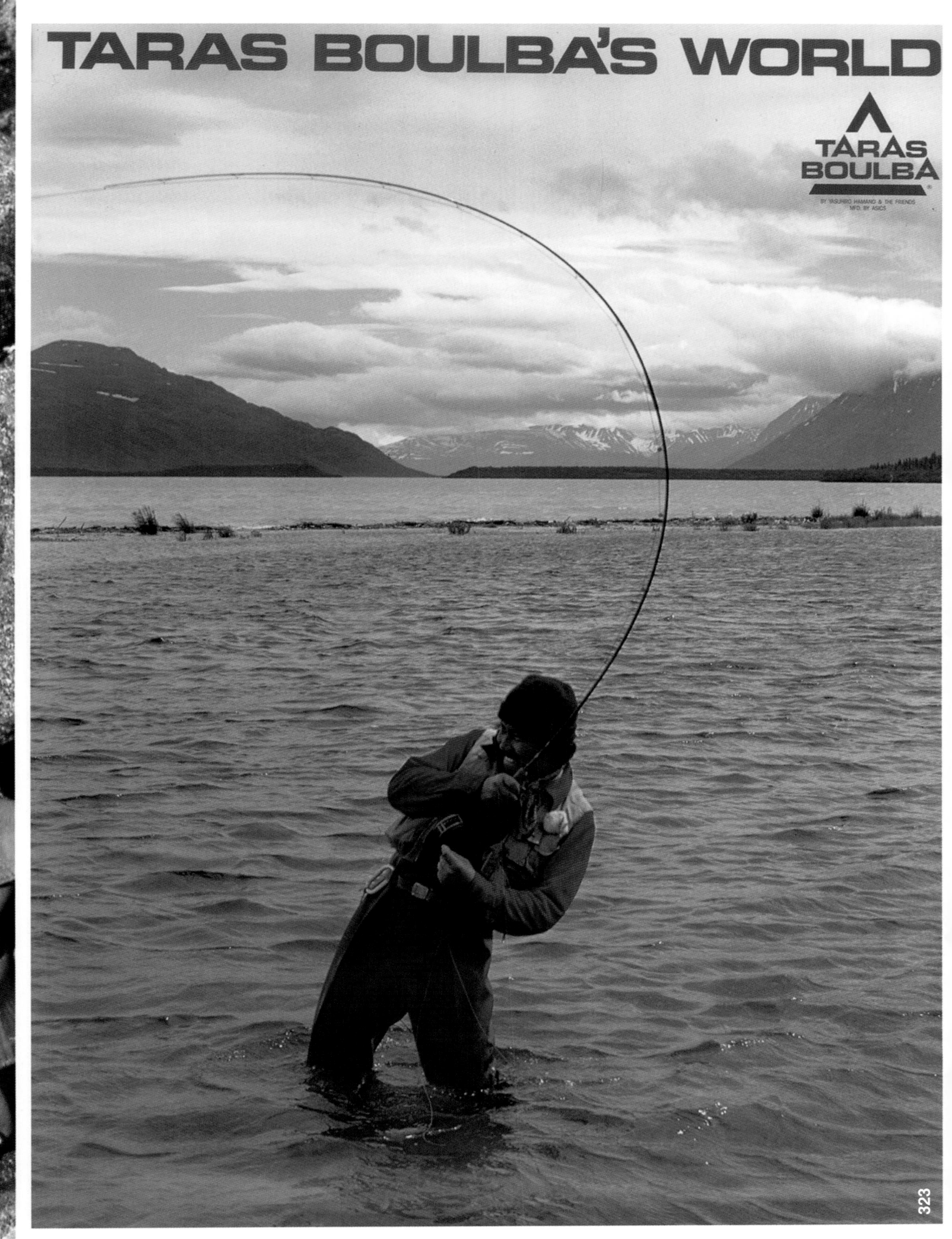
TARAS BOULBA'S WORLD
TARAS
BOULBA
BY YASUHIRO HAMANO & THE FRIENDS
MFD. BY ASICS

持续不断地思念，为了我的鱼儿一次次回到这里 2002

那个时候我仰望着高耸入云的金黄色云杉，在加拿大的夏洛特皇后岛上思考着“狐火”的命名和金色云杉造型的标识。20年后，我又回到了这个地方。下个不停的雨夹雪，巨大的硬头鳟跳跃在我和摄影师之间，这可谓是世界上独一无二的照片。

CLOTHING FOR NATURALIST
Fox Fire®

从鱼的角度看，最少的伪装才是最好的伪装 1982

“狐火”是寄生在森林深处大树上的苔藓所发出的灵光，是老人们得自于大自然的智慧。我设计了这个品牌的商标并应用于迷彩服的图案设计中。我尝试从水中的鱼的角度看这个图案的效果，于是充满自信地设计了它并作为品牌标识使用。我把它缝制在可以正反穿的钓鱼背心的里子上，印在T恤和手帕上。有很多人将其收藏。

FRIENDS OF RIVER

Fox Fire

F·O·R

Fox Fire

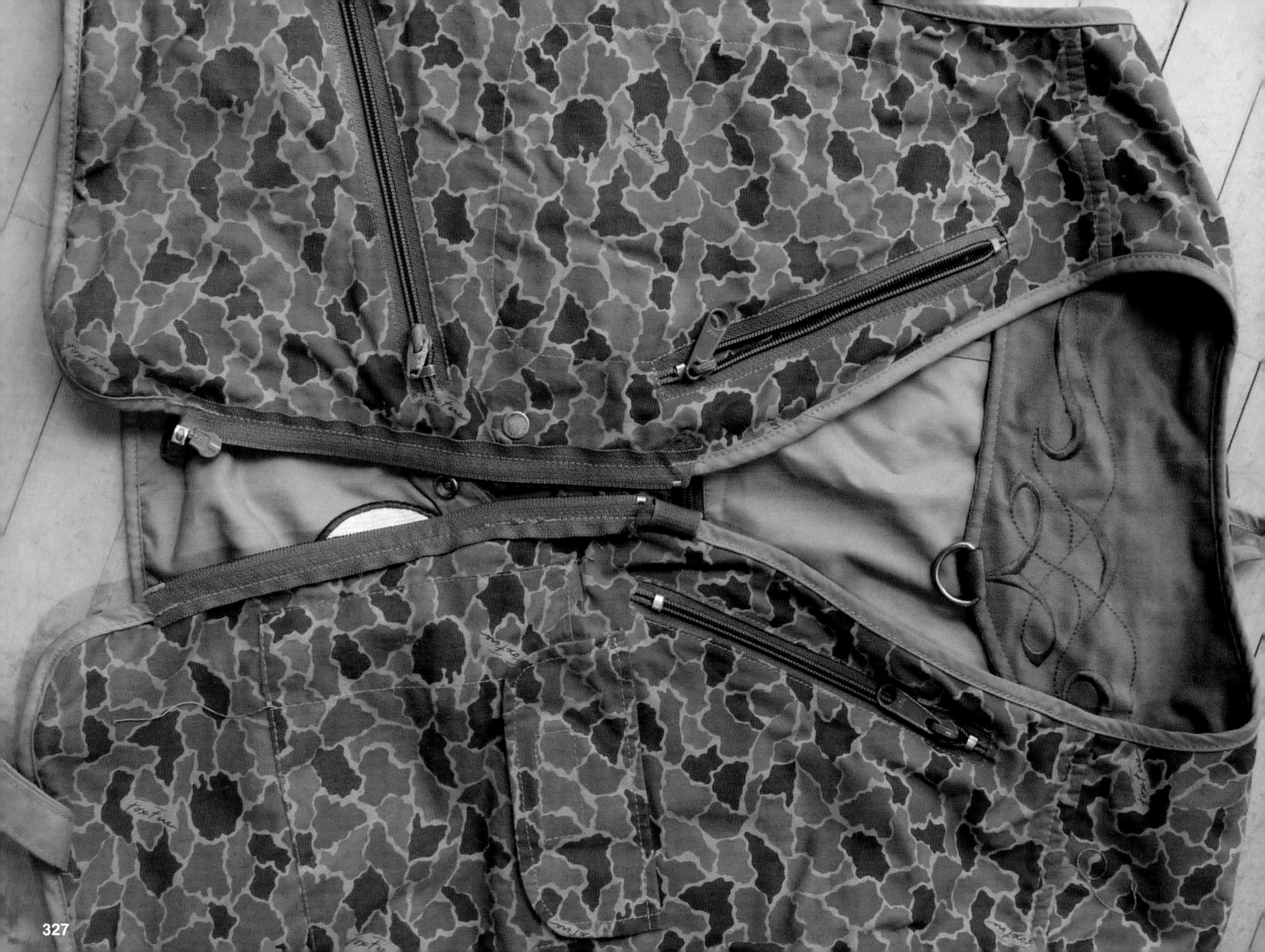

漫步森林，在神秘的溪流和湖畔垂钓之喜悦 2005

我和乐斯菲斯的设计师渡边一起，在新西兰南岛的开普勒步行道徒步旅行。想到了策划中还没有起好名字的系列商品，于是就给它取名为“Trek'n Fish”。我们还设计了三种钓竿：4号竿可广泛应用于小溪和主要河流的垂钓；6号竿能够承受大的河流和湖泊里的大鱼；8号竿适用于海钓，也适用于在湖泊里与大鱼搏斗。

329 —— 斯内克河的金鲑鱼与4/9ft黑铅钓竿 设计指导：滨野安宏 制作：乐斯菲斯

在白色迷雾里抱住硬头鳟 1976

70年代后期，父亲去世后的那段日子，我没有关于硬头鳟的任何信息。转动地球仪，从河流的状况来分析，加拿大的夏洛克皇后群岛的Yakoun河中肯定有这种鱼。硬头鳟是虹鳟鱼的祖先，属于降海型鱼类，产卵的时候会溯游到加拿大、阿拉斯加、加利福尼亚北部等地区北美流入太平洋的所有河流之中。除此之外，再没有其他的线索了。坚强的父亲临终前曾对我说：“你去碰碰运气吧。”

渓流解禁
特別号！残雪にフキのトウ萌える山女魚の里★岩魚の里
STEELHEAD
釣りの総合誌
APRIL 1979
4
ルポルタージュ
の白い幻“ウインター・スチールヘッド”
カナダ・クィーンシャーロット探険

 —— 日本人通过飞钓捉住硬头鳟的第一张照片，当时成为钓鱼界的佳话。 摄影：吉木万里（《钓鱼》杂志主编）

矢田先生，十年后我用钓竿实现了你的遗愿 1992

矢田先生，我与你结缘是因为乌干达的尼罗河鲈鱼。那次旅行恰逢乌干达的第一次内战，没有水，而且有遭受恐怖袭击、游击队袭击的危险。最后一天的傍晚，我们眼睁睁地看着那条80公斤级的超级大鲈鱼逃走了，你也只能哭着放弃了。八年间，我总是梦见那根断裂的钓丝消失在瀑布落下的深渊里，这个梦折磨着我。于是我带着电视节目组回到了这里，开始我的雪耻！元旦那天，我钓到了一条32公斤的超级大鱼，而且一鼓作气连续钓到了好几条！

釣りの総合誌

Fishing

フィッシング

日曜日は釣り曜日●解禁！
新たなる渓々の季節

ヤマメとイワナ（釣魚大全4）

ヤマメ
イワナ

氷河期ロマン・その遠大なルーツ
渓流釣り用具からの"渓流釣り"
フライのプロローグ"早春"桂川と
つきあうビッグクワンの研究 ルアー
攻略・ヤマメ&イワナのシミュレーション

実験レポート

夕焼けのあとのルアー・カマス
野ゴイの片アタリにせまる

海外ドキュメント

出たぞ！ナイルの"魚神"
ナイルパーチ32kg

ナイル源流の滝下から、ついに姿を現わした魚神は32kg！これで8年間の胸のつかえがとれた……。

4 1992 April
850yen

333

我要为了世界上美丽的河川工作 1992

铁托总统在任的时候，在加茨卡河畔鲜花盛开的草原上，在那白色的激流中可以钓到褐鳟鱼。充满好奇心的孩子们都停下了手中的农活围在我身边。孩子们抓了一个很大的飞蝼蛄给我，说“用这个可以钓到鱼。”内战过去后，我想知道南斯拉夫如今变得如何了，还有那条河依然如故吗？孩子们都还好吗？

如果想钓到鲑鱼，就要少吃肉，少穿羊毛 2009

我寻找着能确保钓到太平洋鲑鱼的河流，一直找到冰岛与俄罗斯的北部。那里大片的森林被砍伐，为了获取羊毛和牛肉，人们饲养了过多的绵羊和牛。在冰岛的河流上，为那些无法跳过瀑布的鲑鱼设置了人工鱼道，还进行了休闲渔业的放养繁殖。冰岛应该停止危险的金融游戏，振兴旅游业。

第一次用飞钓钓到的鱼　1975

工作堆积如山，我感觉自己全身都浸泡在泥水中。“我需要清澈的水”，于是我开始了从南美的秘鲁到阿拉斯加的旅行。当时到了加拿大的坎卢普斯，那时候我还不擅长抛钩钓，我看到了一条白色虹鳟鱼从我的钓竿那头飞了过去，钓丝被拉紧，我抓到了有生以来的第一条鱼！那一刻，我感觉到我的人生由此改变。

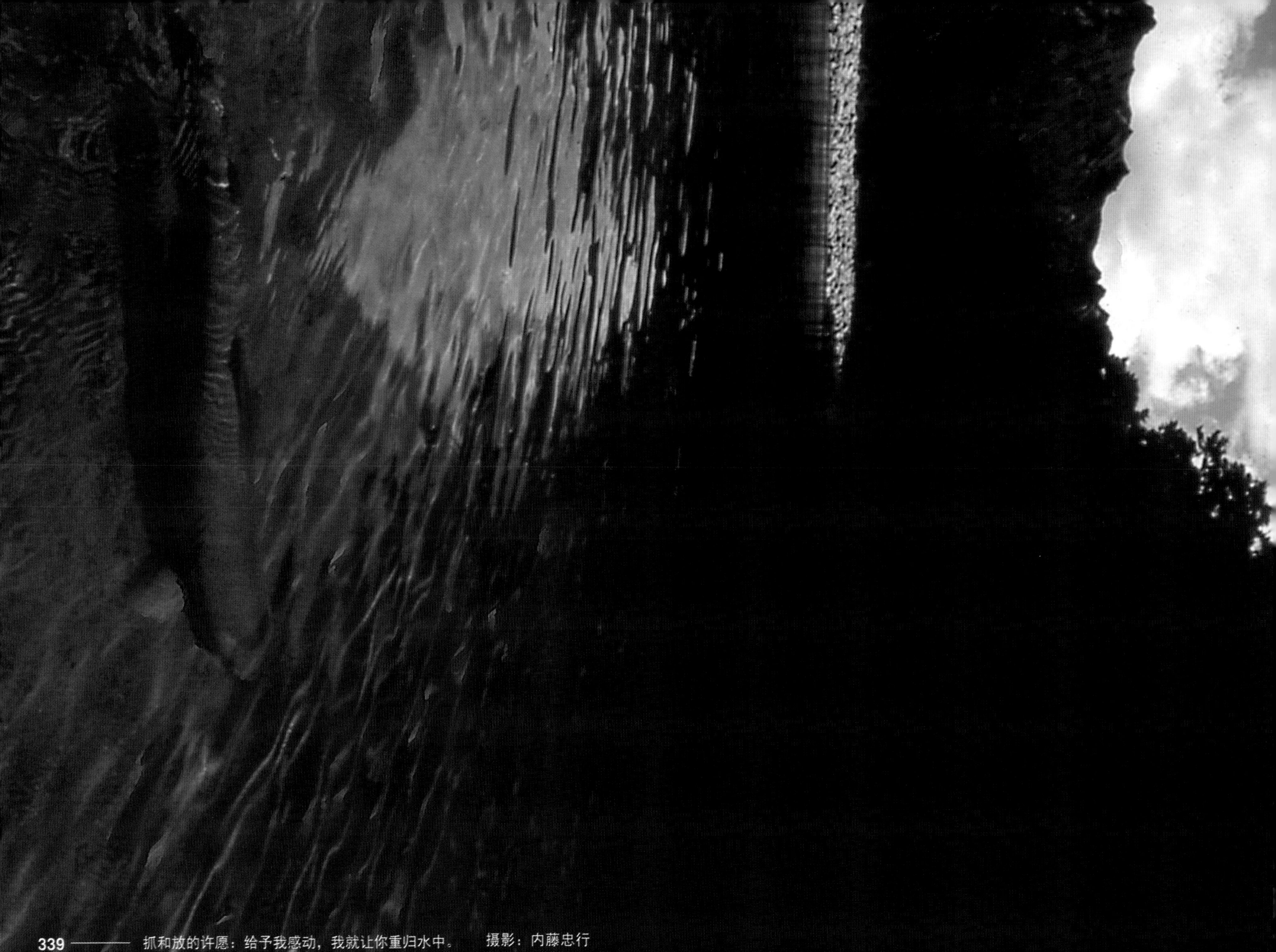

抓和放的许愿：给予我感动，我就让你重归水中。 摄影：内藤忠行

王鲑是“意念”的象征 1982

在阿拉斯加，用王鲑治疗发烧最有效。每年6月末去阿拉斯加的时候，我全身都会呈现出发烧症状，言语中日语夹杂着英语，根本无法工作。全身发红，好像得了湿疹一般，脸上和脖子上瘙痒无比，忍不住去挠。这时，身边的朋友关心地对我说：“要不出去走走吧。”于是，我在阿拉斯加用飞钓钓到了第一条王鲑，30公斤重，是刚从海里溯游回来的王鲑。

摄影：神原卓实

在空气清净的蒙古高原上，创造草原文化都市 2012

温室效应，空气污染，水污染。利用清洁的土壤和水创造世界的高原都市，被草原环绕，是生命再生的示范都市。

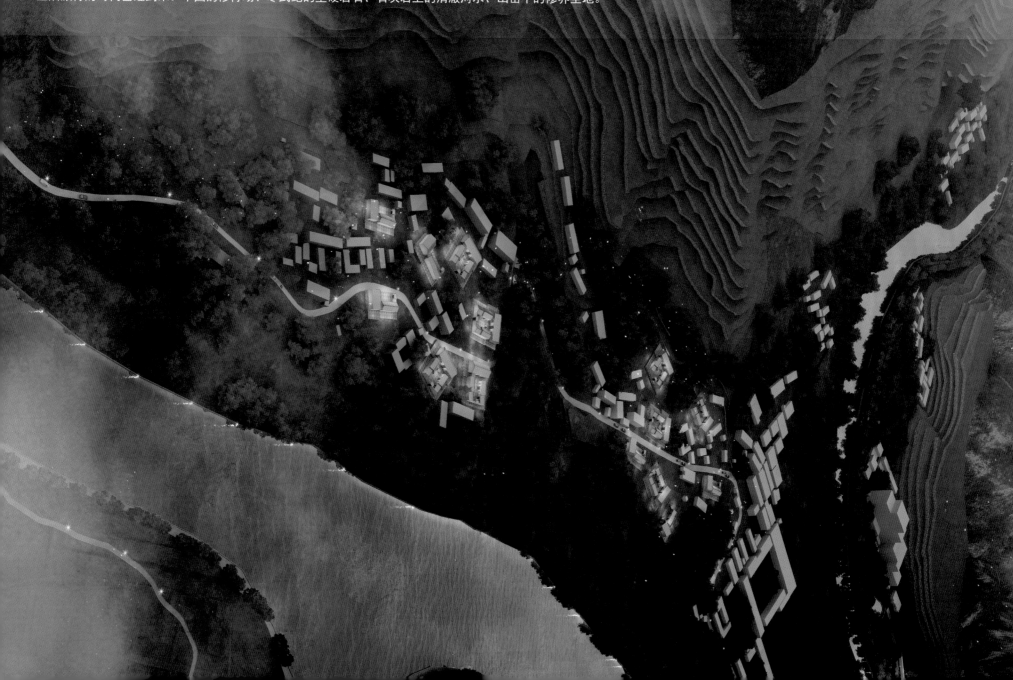

山清水秀的太行山大峡谷将成为“能量场” 2013

生活旅行的时代已经到来。中国的修行场、寒武纪的坚硬岩石、石灰岩上的清澈河水、山岳中的修养圣地。

生活的探险家

借《意念的实现》出版之机，我再次简单地阐明我的职责，
我要作为一名勇敢的生活探险家走下去。
其实在发起素质革命的时候，我提出了“生活方式”的理念，然而这一理念过于宽泛，容易招致误解，而且略显陈旧。
为了更加清晰明了，这一次我提出“生活探险家”的理念。
与其去冒险、实验、研究，还不如去探寻日常生活中那些普通的东西，反复去体验，然后认真去创造。
专注于名副其实的策划，通过探索自己的生活来进行表述，成为新的表现者并不断奋斗。

2012年2月，漫步在久违的新西兰寂静的深林中，行走了好几日，
我见到了超乎寻常的风景，我见到了光明。
我们必须面对亟待解决的全球问题。
无法用语言传达的想法、理念、生活方式，就通过自己穿着的服装、居住的房屋来进行表现。
重新审视日常穿着的服装，再一次去创作它，穿上它。
从水到酒，思考饮用的方式，去创造它。
认真品味食物，自己动手去制作它。

更加沉迷于飞钓，还有徒步，全身心地去行走。
旅行到各种各样的地方，尝试着在那里生活。推广这种探索生活方式的旅行，普及多元化的生活方式。
不要说：“请这样做。”而是说：“看我！”以这种自我实践的方式，继续自己前卫的生活探索。
我不会再去多管闲事，不会再偏执狂妄地爱管闲事了。
为了做自己想做的事情，是没有精力再去顾及其他的。
我有想去拍摄的电影，无论如何也要去制作它们，而且终于可以专心地去制作了。
创造令人满意的休闲度假都市，这对于创造了时尚都市神户、设计都市横滨的我来说，完全可以实现。
我要在内蒙古这块肥沃的土地上，创造体现农业生活方式的都市。
我要从冲绳直到北海道创建UMUI度假都市。
当天地剧变的时候，我们应该准备什么、投入什么呢？我可以自信地说：我可以创造所无。
从衣食住到生存装备，充分运用探知这世界未知领域的智慧，让完美的团队不断成长。

有无居

我可以存在四方，又不存在于任何地方。
无常，因为无常，所以我存在。 有意，因为有意志，所以来到这里。
巧拙，巧妙地工作，稚拙地玩耍。看似有理无谋，似乎不知羞耻，只要为了创意之理由。
有时不在，有时出现，请留在这里！我希望你留在这里！有效地不在，戏剧性地出现。
自由与正义，自由，自由，自由！相对于政治家满口正义的谎言，我们磨炼自己自由生活的力量。
我从日本的寻常框架中跳脱出来。我也不会进入美国或亚洲的框架之中。
思考着自己的视角，创造着新的理念。
建筑也好，设计也好，时尚也好，城市规划也好，企业战略也好，规划方案也好……
绝无仅有的创造诞生于有无居的生活、自由的立场。
年轻的时候我称自己为“守护者”，是拥有出类拔萃敏捷头脑的“智慧守护者”。

在路上，我被一个姑娘拦住，
“拜托你了。”她央求着我，泪如雨下。
看着我的眼睛，什么都不要说。
男人的心里，至少要有这么一个傻瓜。
如果没有，在这尘世间如何保持神志清醒。

我总是不满，但又十分满足。
只要找到了视角，就不论有无。创造出理念后就立刻行动，这行动让他人无法望我项背。
好似有，又好似无，SOMETHING ELSE，一旦开始寻找，就会希望在某个地方听到“ANKOU在吗？”
滨野在哪里呢？哪里都有我。有又好似无，无又好似有，SOMETHING ELSE。

是的，我无处不在，我们无处不在，我们无处不到。
没有确实可靠的东西，没有永远不变的东西。我们总是，紧张兴奋地创造着SOMETHING ELSE。
硬摇滚的自作之诗，年轻时曾即兴演唱过，稍加改编就成了下面的摇滚，大家和我一起唱吧！

有无居

作词　滨野安宏

向右！向右！向右啊！

向左！向左！向左啊！

跟着说的去做，跟着往前走，总会要丢失一些什么。

地狱！地狱！地狱啊！

天堂！天堂！天堂啊！

别在意那些东西，不要逃跑，不要追逐。

不用去任何地方，真的不用去。

按你想要的方式活着，活着，活着吧，

想走的时候，就按照自己的心意去走。

走吧，走吧，Go Go Go Go and Go。

幸福，好像有，又好像没有。好像没有，又好像有。

思考吧，思考吧，不去思考，就不能实现，任何东西。

思考吧，思考。是的，现在就要思考，思考现在。

人生就是现在，现在就是人生，现在就是此时。

2012年4月

滨野安宏　活动轨迹50年

*政府部门、企业皆使用当时的名称。

●项目　○专业顾问　☆运动　■出版・报道　◎组织　◆志愿者　□个人历史　△顾问・委员

1962

◎设立Creators Limited 造像团
●将设计方案兜售给马食町的现购自运批发商后，开始承担成衣的总体规划。

1963

●在《男性俱乐部》杂志32号刊上作为流行风俗板块的作家崭露头角，同时作为报告文学作家、时尚设计师，向杂志社、报社投稿，邂逅三宅一生。
●于Setsu Mood Seminar毕业
●邂逅广告创意公司雷曼诺的创始者矢田由亲，在市场营销、公共宣传、设计策划等方面受其极大影响。
●着手策划伊势丹青少年之角展示方案，以Ivy Sisters为设计原型。

1964

□日本大学艺术系电影专业毕业
◎将造像团事务所迁移至赤坂桧町
□乘船到美国，游历美国和墨西哥，后住在纽约，学习市场营销。
◎进一步发展了造像团，更名为滨野综合研究所。

1965

◎设立滨野综合研究所，开始接受研究开发、策划、设计、综合企划等委托业务。
●改装三峰新宿本部店，推进以新店C.I.升级设计为切入点的企业设计统和，在开幕式庆典上举办了Art Blakey的音乐会（冠音乐会的起点）。
●促销总策划和广告赠品策划　JUN（株式会社）
●为三菱丽阳（株式会社）、东洋纤维（株式会社）等公司进行各类时尚促销策划、市场营销推进等。
○菱屋（株式会社）

1966

◎事务所迁移至涩谷区神宫前5－35－2
■为电影之友公司开拓男性杂志《Stag》并承担企划、主编（Vol.1—4）等职。
■在TBS电视台“青年720”节目中，与横尾忠则、篠山纪信一起担任主要评论员。
●掀起迷你裙热潮
●编织迷你裙<新产品开发和促销>　马自达编织（株式会社）
●家居装Plaza<新产品开发>　马自达编织（株式会社）

1967

◎事务所迁至港区六本木6－8－14
◎成立大阪分公司
●品牌Young Casual A Go- Go <营销策划和促销活动>　三菱丽阳（株式会社）
●寄稿《美国的危机与艺术》、《超越狂信的次文化的形成》至《美术手帖》杂志

1968

●品牌Flower Party<新产品开发>　Royal（株式会社）
●新宿The Apple<迷幻艺术店>开店、公司直营。奇装异服族集会；2.18新宿车站前游行：“要鲜花不要石头！要时尚不要战争！”
●Classical Elegance(促销活动)　JUN（株式会社）
☆MUGEN<Go Go 俱乐部>创造迷幻流行　Pan Japan Enterprise（株式会社）
●为横尾忠则、寺内武、Folk Crusaders、一柳慧等设计服装
●New Family的家具<体验活动>　汤川家具（株式会社）
☆提出新生活方式理念
●制作纪录片《日本现代工业和年轻人文化》　巴特新闻社（法国）
☆“ASTRO-MECHANICOOL”宇宙时代的Go Go俱乐部　北野观光（株式会社）　O.S.电影剧场（株式会社）
●“200 day’s Trip Shop银”预告200天后关门大吉的二手衣服店，公司直营

1969

●DINO’S<新产品开发>——男装、设计、市场营销、总体策划　光洋被服产业（株式会社）
○日星化学工业（株式会社）
●CRAZYHORSE<皮革时尚新产品开发>　Tsubame Coast （株式会社）
○为现代家庭动态研究项目在全球针对现代家庭进行实际调查，提出关键词“New Family”，邂逅现代文化研究所。
●YOUNG AMERICAN FABRIC PROJECT、EUROPEAN FABRIC PROJECT<新产品开发・促销活动>　丸增（株式会社）
●HELLO GOOD-BYE(咖啡店)　O.S.电影剧场
●多媒体展出时尚秀　以找到感觉为主题的演出　大型时尚活动的起源
“找到感觉”（通过电视、广播、报纸等进行广告宣传活动）　铃屋（株式会社）
●FASHION SPECIALITY STORE<二子玉川S/C内部策划>　铃屋（株式会社）
●HAPPY DAY<机动车装饰、酒吧、汽车展览一体化的店面策划、实施、设计>　东京丰田汽车（株式会社）、丰田汽车销售（株式会社）

1970

◎设立滨野国际（株式会社）——国际项目开发和以全球民族服装为原型的时尚策划
◎设立SOMETHING ELSE（株式会社）——简单自然风格的时尚制造企业、生态市场营销的先驱
●原创男装品牌SOVIEN VOLCA<新产品开发>　创作屋（株式会社）
●“芦屋交流中心”以“新的生活方式”为理念的商业中心策划（和安藤忠雄的初次合作）　宝梅园（株式会社）
●YOUNG AMERICAN FABRIC PROJECT、EUROPEAN FABRIC PROJECT<新产品开发・促销活动>　丸增（株式会社）
●“展示空间”东京　大东纺（株式会社）
●“分区规划 1F”新宿　伊势丹（株式会社）
●LIFE WEAR PROJECT研究开发业务　马自达编织（株式会社）
●在巴黎的Lazare Drugstore、Centraza 等展示空间举办日本的日常生活展，介绍冈本太郎等日本艺术家以及日本风俗文化。
●“展示空间”大阪　辻久（株式会社）
●DOUBLE AX(希腊餐馆策划、设计、施工)　日本观光开发（株式会社）
●“展示空间”东京　丸增（株式会社）
●京都BAL(时尚、销售柜台、租户、策划和商业租赁)
■出版滨野安宏的《时尚化社会》　成为最畅销书，“时尚化社会”成为流行词。

1971

●为San Poir公司开发新产品（市场营销、设计、广告宣传计划、公共活动）　San Poir（株式会社）
☆牛仔服及裤装的移动展示、宣传活动、公共活动等多媒体营销
●扇屋街区规划构想、研发业务——充分利用百货店后街的再活性化研究　扇屋（株式会社）
〇太平洋兴发（株式会社）
●休闲装SWAMP(新产品开发)　又一洋行（株式会社）
●阪急伊丹第八防灾建筑街区改造组合<伊丹商业购物中心3F　广场基本设计>
☆地球日活动《素质革命》ONLY ONE EARTH（请爱护我们唯一的地球）　伊势丹（株式会社）
●“展示空间”东京　丸增（株式会社）
〇New Family Kids童装　Teria（株式会社）
●草津中泽村庄规划——德国“Kurhaus、Kurpark、Kurort”发展调查研究
●and/or 1972年挂历　太平洋兴发（株式会社）
●以巴厘岛为样本研究多重网络系统产业（产业组成，国际旅游产业开发的基本构想）现代文化研究所（共同研究）　丰田汽车（株式会社）
〇市场营销顾问　福羽工业（株式会社）
●“展示空间”在东京制作了诸多多媒体宣传的展示空间　一村产业（株式会社）
●自然食品长寿法则，实践简单朴素的生活
■出版滨野安宏的《素质革命》　成为最畅销书

1972

◎事务所迁至港区西麻布1－9－7
◎设立滨野纽约有限公司
〇企业战略顾问C.I.策划、标识、色彩、宣传广告语、营销活动、模特事业、广告、制服等策划设计　太平洋兴发（株式会社）
●新东京国际空港周边开发项目　花的企划社（株式会社）　千叶县
●新宿副都心开发协议会，商业环境问题研究会最年轻的组员
●超高层大厦中的连带反射空间的街区环境研究　新宿三井大楼—GO GO PLAZA 三井不动产（株式会社）
●年轻人对住宅的需求调查　针对新生活方式的高级住宅策划　太平洋兴发（株式会社）
●C.I.策划　银座双叶鞋店（株式会社）
●麻布公寓公共空间基本设计　太平洋兴发（株式会社）
☆地球日第二届花的革命活动展示，宣传活动，日本笛子演奏，一藤舍与推峰的组合，花与用花染制成的有机时尚成为流行。
●“霞关展示空间”活动、基础设计、实施设计　太平洋兴发（株式会社）
■企业报刊《and/or》创刊 企业出版物·企划编辑（季刊）　太平洋兴发（株式会社）
☆参与世界银行借款项目　印度尼西亚巴厘岛努沙杜瓦地区开发规划、理念策划，Pacific Consultants、Japan City Planing、现代文化研究所（株式会社）
●集体住宅中的形象管理系统——船桥　太平洋兴发（株式会社）
●着手促成青山世界一流的公寓社区的形成——Miyuki大街（From-1st大街）
●冲绳（本部地区）开发项目 经济产业省/假期开发中心
●英虞湾观光开发计划　太平洋兴发（株式会社）
●纲代地区开发计划——海洋性休闲——基地的研究开发　太平洋兴发（株式会社）
●MEN' S KASHIYAMA选地，交涉，C.I.，店铺、设计升级　坚山（株式会社）（现在的恩瓦德坚山）纽约店
●SEEK NEW WAY 1973年挂历　太平洋兴发（株式会社）
●电子工学展览会场计划　日置电器 （株式会社）
●冲绳 伊江岛临空产业研究开发项目　假期开发中心（财团）
●轻井泽（离山25万平米）景观美化方案　太平洋兴发（株式会社）

1973

●新全国综合开发计划研讨委员会，提倡新地方主义
☆神户港口区时尚街区计划的策划与总设计
●未来工学研究所的图标设计
◎设立JEI——Jaque Esterelle International（法国高级时装合资企业）
◎LIVE SHOP开始“倒计时”营业——原宿竹下口街区第一号店
◎日法合资公司设立
●建筑家乔治演讲的企划、实施　（财团）假期开发中心　（后援）日本经济新闻社
●第20届东京机动车展示（丰田展览台的展示策划及展出）　丰田汽车销售
●第五届东京市场　新车发布活动外围林荫道的社区化　丰田汽车销售（株式会社）
●神户港口时尚街区计划　基本构想 神户时尚联合　（KFK）
△EXPO' 74万国博览会特别委员
●赤坂灵南坂地区市街开发计划（ARK Hills）　森建筑（株式会社）
●冲绳伊江岛开发计划　Maruman（株式会社）
〇市场营销顾问　高屋岛（株式会社）
☆THE SOMETING ELSE CHARACTER 展示 <living theatre的时尚剧场>　俳优座剧场
●桌上点火器 新产品开发　万世兴业（株式会社）
●绅士男装品牌设计形象统和策划　坚山 （株式会社）
●Quick Line Service（现在的Banck Card）即C.I.计划、实施 平和相互银行（株式会社）
●日本促销计划　Jacque Esterel （株式会社）
●新产品开发计划　大装（株式会社）
●企业公告的企划制作（报纸广告）　太平洋兴发（株式会社）
●电子产品展示会场计划　日置电器（株式会社）
●第六届东京pazale 新车发布展示策划　丰田汽车（株式会社）

1974

●参与策划厚生省大规模年金保养基地的基本构想——高龄化社会的行政对策，向厚生大臣提交提案，后经内阁会议批准实施　（社会）年金保养协会
☆提出新的工作方法，五年时间研究开发总策划太平洋兴发的“From-1st”街道　起用山下和正建筑研究所
●塞内加尔的达喀尔国际示范市在日本的综合策划　塞内加尔政府
■出版滨野安宏的《人的聚集》　讲谈社　城市规划的圣经 畅销书
●地区空调房系统导入后能源流向和大气污染调查　（社会）日本热能源协会、环境厅
●C.I.计划　生活与健康社
●东京塔再次开发计划　日本信号塔（株式会社）
●FOUNEX开发计划（瑞士）——循环系统疾病高龄患者的高级诊所度假村　CONSTANTINE ZANEDAKIS LLC（株式会社）
●MINI BLOCK A+B 新产品开发　NANIWA SLATE(株式会社)
●公共水域填埋地白水馆用地开发计划　鹿儿岛白水馆

1975

☆新型户外生活方式 提出并实践（新自然主义）
△日本密克罗尼西亚协会设立（现在的太平洋诸岛地区研究所）常务理事
●From-1st 开业
☆1975－1978年，日本第一个超大型创意生活商店“东急手创”企划开发顾问和C.I.设计 东急不动产（株式会社）
☆Life goods/lofty something else 新产品开发，提出“桌炉生活”——掀起了家居用桌炉的热潮 Lofty（株式会社）
●神户北野町商业大厦ROSE GARDEN基本策划、市场营销、租铺导入、总策划（设计：安藤忠雄建筑研究所）
●SOMETHING ELSE企划设计、孕妇儿童装设计（株式会社）
●企业形象企划设计 平和相互银行（株式会社）
●横滨工厂遗留地利用计划基本构想 古川电工（株式会社）
●大阪南难波车载逆变器再次开发计划 南海电铁（株式会社）
●Fabric 商品开发，店铺设计、店铺商业租赁规划 土田产业（株式会社）
●天然食品餐厅MOMINOKI HOUSE企划、开发 时尚艺术研究所
●《时尚的危机》出版 商业社 对时装业界发出警告，提出要从纤维产业中独立出来
●青山Bell Commons 咖啡店设计 Monozoff Limited

1976

●新产品开发 Monozoff Limited
●高尔夫服装RED SPIDER开发 Maruman Co.,Ltd
●出版《年轻人的株式会社》 商业社
○组成神户时尚城市联盟
●“保护我们的孩子”项目——企业社会活动策划提案（C.S.R） 恩瓦德坚山
●东急手创1号店藤泽店开发计划 东急不动产（株式会社）
●第一届滨野自然学校（帕劳） （社会）太平洋诸岛地区研究所（原日本密克罗尼西亚协会）
●世界最大规模的“牛仔生活”的共同企划 大荣（株式会社）
●Heavy duty 相机，企划与设计世界第一款全天候35mmEE相机HD-1 FUJI-CA、HD-S FUJI CA 相关装饰品 photo tackle企划、开发 富士山胶卷（株式会社）掀起小型防水相机的世界潮流
●Magnex Plate 相关产品开发 TDK Service（株式会社）

1977

○东急不动产（株式会社）
●情人节促销活动 Monozoff Limited
●Heavy duty 飞钓服装 TARAS BOULBA品牌策划、商品策划 AIXS （株式会社）
●高尔夫服装RED SPIDER 品牌策划设计 Maruman（株式会社）
●LOFT HOUSE内部设计 Lofty（株式会社）
●松本市绳手商店街再次开发理念计划
●银座松屋整修计划基本构想 松屋（株式会社）
●东急手创2号店二子玉川店开发计划 东急不动产（株式会社）
●“新项目的发现”企划研究 Edwin Co. ,Ltd.
●“ROSE GARDEN ”第二届神户建筑文化奖获奖（设计：安藤忠雄建筑研究所）
○松屋 （株式会社）
○高岛屋（株式会社）

1978

●Avocado 化妆品市场营销计划、包装 生活与健康社（株式会社）
☆东急手创3号店涩谷店开业 MD全馆分区、标识设计 东急手创（株式会社）
●关于光影的“新项目的发现”企划研究 太阳工业（株式会社）

1979

●HE- FUJICA、HD-S FUJICA市场导入计划、市场营销计划、基础促销计划、推广活动、C.I.计划 富士照片胶卷（株式会社）
●东急二子玉川园土地利用计划、暂定利用方案、长期计划方案的敲定 东急不动产（株式会社）
●大荣冈山店整体改装计划、新事业状态Day&Day企划、市场营销、基本计划 大荣（株式会社）
●新产品开发计划 富士机器工业（株式会社）
○河流湖泊自然保护团体“大河之友”创立
■出版关于飞钓冒险的《跟着我走》 PHP 研究所

1980

●寻找蒙古人种源头的旅行 中南美洲、印度尼西亚、尼泊尔、西藏等世界高地以及与世隔离之地取材一年时间 （Portpia 81 共同馆 “时尚生活博物馆” ）
●SOMETHING ELSE童装策划、设计 福屋（株式会社）
●JOINT札幌店店铺计划 JOINT（株式会社）
■出版《男人存在证明——田间开始的文化论》 PHP研究所
●JOINT原宿店店铺计划 JOINT（株式会社）

1981

●设计与生活的体验大楼AXIS开业典礼活动 AXIS（株式会社）
●神户港湾区博览会 Portpia 81 神户市共同馆、“时尚生活剧院”的总策划，策划了共同馆的建筑、展示、推广、音乐、出版等
●CRESCENT VERT 时尚生活剧院展示用珠宝策划 （设计：埃托雷·索特萨斯）
●两轮装备和可再生生活方式的工具、服装的开发 Bridgestone Cycle（株式会社）
●Rin’ s Gallery理念规划和命名 ROSE GARDEN(株式会社)
■出版流通新次元系列《休闲装的时代》 商业社
■出版《钓者之诗》 讲谈社
■出版滨野综合研究所的《理念和执行》 商店建筑社 作为企业的实绩总体打破了畅销书的记录
●新项目的发现 松下精工
●横滨车站东口离岛开发计划、横滨新都市中心大楼构想（导入崇光百货为主要租铺） 横滨新都市中心（株式会社）
●《AXIS》季刊设计 创刊提案、企划、主编（Vol.1－4） AXIS（株式会社）
●“狐火”自然主义者的服装、品牌、命名、商品开发、推广 Tiemco Co.,Ltd.

1982

■出版《新野生学》　集英社　通过游戏学习生存的书
●时尚生活剧场和AXIS大楼的总设计策划活动获得了1981年每日设计大奖
●松屋第二期整修计划 首次委托迈克尔·格雷夫斯设计　松屋（株式会社）
●新业态自然商店"大橡树"开发　REC（株式会社）
●鞋子新产品开发　日本橡胶（株式会社）　朝日法人（株式会社）
●Media Bum体验店开发计划　宣告了多媒体时代的到来　插件品类的先驱 大荣（株式会社）
●涩谷东急广场第一期整修计划　东急不动产（株式会社）
●日光市的未来蓝图策划——国际文化旅游城市构想　日光市
●C.I.计划　生活与健康社
●Total Living Fair企划　　大阪府（株式会社）
●Bassett Walker品牌商品市场营销　JUN（株式会社）
●综合土地资源利用计划——包括二子玉川园再次开发　东急电铁（株式会社）
●阪急三宫车站西口地区整备基本构想　神户市（株式会社）
■埃托雷·索特萨斯公开对策　中部科技中心（株式会社）
●新产品开发　　Kokuyo（株式会社）
●神户港湾区 时尚都市调查研究　神户市神户工商会议所
●神户时尚城镇活性化计划　神户时尚城镇协议会

1983

●ESPRIT香港店 策划（内部设计师：仓吴史郎，　图像设计：八木保）
●东急手创江坂店、町田店综合策划　东急不动产
☆批判现代目的合理主义，提倡后现代主义
■出版《不成为一个好父亲的话，就不能好好地工作》　PHP研究所
●青山哈密鲁顿店开发——老建筑的再次装修　汉密尔顿　（株式会社）
●东急手创江坂店开业　　东急手创（株式会社）
●东急手创町田店开业　　东急手创（株式会社）
●SOMETHING ELSE童装市场营销　　福屋（株式会社）
●酒店"月光沙滩"整修构想——冲绳　月光沙滩（株式会社）
●杂志《From A》命名　Recruit（株式会社）
●Travel商品开发项目　就职信息中心
●新风扇开发（设计师 ：仓吴史郎）　松下精工（株式会社）
●体育俱乐部健康计划　多摩川健康开发（株式会社）
●新品牌商品开发　　FUJI TEXTILE　（株式会社）
●二子玉川高岛屋商业中心整修构想计划　东神开发（株式会社）
●时尚活动综合策划　　设计家集团六公司
●新销售店政策的基本构想　　夏普（株式会社）
●有乐町阪急百货店　新店铺开发基本构想　阪急百货店（株式会社）
●东急手创池袋店基本构想　东急手创（株式会社）
●单反相机设计开发　　Ricoh Co.,Ltd

1984

●冲绳那霸商业中心地　和安藤忠雄合作设计　20年来的集大成建筑FESTIVAL
■出版《玩游戏的人》　　讲谈社 后现代的设计论
●INDEX商店开发　　　　夏普（株式会社）
●考虑人眼健康的电器标准开发　　Max电器（株式会社）
●新事业的研究开发　Namco（株式会社）
●新事业开发的提案　　资生堂（株式会社）
●国营武藏丘陵森林公园利用促进计划　建设省（财）国图开发技术研究中心
●幼儿商品开发事业计划　　JUSCO（株式会社）
●宇都宫Wild One开发计划——飞钓及户外生活方式　Kanseki（株式会社）
●汤河原艺术村开发计划　日本交通文化协会
●冈崎公园开发计划　京都市
●Le Seven理念、命名、内部装饰计划 后乐园食堂
●土气地车站前地区开发计划　东急不动产（株式会社）
●会津金山町旅游开发基本构想——中学旧校址的旅游开发再利用　东菱（株式会社）
●FESTIVAL大楼开业　　　冲绳Sunrise开发（株式会社）
●两轮装备"Wildom"商品开发、命名，样品设计、样品摄影，第一次在大提顿国家公园旅行　普利斯通自行车（株式会社）
●Recruit Firm产品包装设计　Recruit（株式会社）
●户外运动鞋wolverine商品建议、公共活动及广告设计　日本橡胶（株式会社）
●时尚交流中心（FCC）构想　通产省（现在的经济产业省）、纤维工业构造改善事业协会
●领带设计 滨野安宏、仓俣史朗、横尾忠则领带三人展　菱屋（株式会社）
●C.I.计划　（标识设计：ROBET MILES RUNYAN）　旺文社（株式会社）
●岐阜县关地区的刀刃工具产业复兴设计开发指导　通产省　日本产业设计协会

1985

●"20世纪的鸡尾酒时代"综合策划师　展览中观众也登上舞台参与表演　"舞蹈，舞蹈，　自由的时尚秀"创造了这样的时尚节日秀　"日本武道馆13000人动员起来了，　大阪城会场15000人动员起来了。"　　Nippon Polyester F Committee
●涩谷东急广场第二期整修策划 、基本设计
■出版《企业高层的设计观》　讲谈社（株式会社）
■出版《活着的大河》　　世界文化社（株式会社）
■6月8日—9月3日大概三个月，滨野团队穿越北美大陆旅行"HAPPY TRAIL"　1986年东京电视台播出
●呼吁长良川水系的自然保护节目"长良川叙情"企划、制作　TBS"想知道的地方"节目放映，　Recruit（株式会社）赞助
●熊本县细川之时的外部智囊　　参与熊本日本创造运动
●Randort interior计划　　　Molozzf（株式会社）
●为富士通规划企业展示空间以及实施展示空间开发计划、为恩瓦德坚山（株式会社）设计新标识以及拟定商店开发计划
●超高级别墅地构想500FORSET　东急电铁（株式会社）
●互助会新业态及新产品开发　　爱知婚礼葬礼互助会
●城之岛旅游地开发指导　　　Recruit（株式会社）
●高知sango 设计开发指导　　日本产业设计振兴会
●RERUNS GATE大楼企划、命名　　ROSE GARDEN(株式会社)
●涩谷东急广场整修计划　　涩谷市场对百货店地下卖场产生了革命性的巨大影响　　东急不动产（株式会社）
●东急时尚协会设立 ，担当顾问、标识及样品设计　东京工商会议所
△东京时尚协会设立企划委员
○设计开发顾问　　刀刃工具协会联盟

1986

●第二届“20世纪的鸡尾酒时代”， 世界顶尖20位艺术家的印刷艺术展 Nippon Polyester F Committee
■正月特别节目“HAPPY TRAIL地球家族滨野团队９０天之旅”穿越落基山脉横跨北美大陆的旅行 节目两个小时的高收视率 东京电视台
■出版飞钓随笔《鱼神》 TBS Britannica（株式会社）
●资生堂wellness会社设立计划 资生堂（株式会社）
●Tree’s大楼（京都北山大道）策划、命名（建筑：妹尾政治） Forest（株式会社）
■出版《对流通的最新解剖》 TBS Britannica（株式会社）
●Pago Pago：为旺文社和松下电器设计的卡式录音机
●“bio-lite”桌上点火器策划、设计 旺文社（株式会社）
●AROMA TERRACE海湾商店策划 Takiyama（株式会社）
●川越商店街社区市场策划 川越第一商店街
●黑羽温泉旅游度假开发构想 Alpha Cubic（株式会社）
●东急手创名古屋阿历克斯大楼店计划、分区计划、正面计划，鹤大楼开发
●伊势丹吉祥寺点整修计划 伊势丹（株式会社）
●麒麟样品 新奇小饰品开发贩卖 麒麟啤酒（株式会社）
●尼康原创产品设计开发、市场营销 高宝商事（株式会社）
●东急手创神户三宫综合策划、基本计划 东急手创（株式会社）
●新事业开发 Kuroba（株式会社）
●地区建设调查研究 熊本县
清和村 “欣赏文乐，回到故乡”田园剧场
庆北町 “山之幸国家建设”森林复兴、森林生活邑
菊鹿町 “海湾村庄” 健康邑
●家庭幼儿体育设备 JUSCO（株式会社）
●儿童家具 普拉斯（株式会社）
△公园绿地管理财团 评议委员
●新作品发表展示会理念、设计 日本Steel Case（株式会社）
●手表设计 卡西欧（株式会社）
●Itokin原宿本部空间利用开发构想提案 Itokin（株式会社）
●芝浦大楼开发TANGO、INK STICK企划构想、海滨热潮的发源地 东海统称（株式会社）
●港口岛商店开发 Monozoff（株式会社）
●周末住宅信息广告塔 Recruit（株式会社）
●海滨大津车站前开发构想计划 大津市
●大山町开发计划 三井不动产（株式会社）
△横滨市海港未来21 都市设计委员会委员、Teleport推荐协议会委员
●“我们的时尚都市东京”东京都
●“高圆寺北地区街道再开发事业商业计划”形象构想

1987

●横滨港口地区整备基本构想 横滨市
●海上中道海滨公园活性化委员 海洋生物科学馆计划策划（设计：矶崎新） （前建设省、公园绿地协会）
●ISSEY MIYAKE巴黎卢浮宫美术馆“A UN展览”策划
●作为事务局代表，全面支持三宅一生及三宅一生事务所
●福冈博多码头海滨开发 福冈市
●横滨港口地区住宅 起用迈克尔·格雷夫斯 住宅都市整备协会
■熊本县日本建设理念小册子制作 熊本县
●新事业计划 Sekomu（株式会社）
●横滨Triennial企划调查 横滨市 横滨MM21（株式会社）
◎在美国怀俄明州设立个人公司“自然设计工作室”
●志贺岛海中道学园度假村开发计划 理念计划 提议将美国加利福尼亚著名私立高校CATE SCHOOL引入日本
◆作为第一任自然学校的校长，带领50个孩子去美国蒙大拿州和怀俄明州旅行，开始户外自然教育（8月1日－14日）。
●第三届时尚音乐会“MEN&WOMEN”（三得利会场，大阪MID剧场）的总策划，鸡尾酒时代Vol.3）Nippon Polyester F Committee 掀起了探戈热潮和紧身装的流行
●幕张市中心事业化地区开发 幕张市中心（株式会社）
●神户元町再次活性化顾问 大丸神户店（株式会社）
●word runner设计、策划 Plus（株式会社）
■出版《游玩的商业宣言》 东急代理（株式会社）
●“姜谷香国” 熊本县东阳村
△“天草手工制作的21世纪” 构想委员会 天草地区
●观光开发计划 熊本县球磨村
●马车道商店街活性化计划 横滨市
●“相模湖故乡和艺术村” 理念计划 神奈川县藤野町
△湘南海岸公园再整备计划基本计划检讨委员会 神奈川县
●阿苏度假村整备理念 （财）熊本开发研究中心
●阿苏度假文化圈整备方案 熊本县+（财）熊本开发研究中心
●六甲岛时尚交流中心基本构想 神户市+住友信托银行（旧称）（株式会社）
●“车站的剧场”研究的范本项目，东京丸内BREWERY BAR 1号店开设 东日本铁路公司 东京站旅馆

1988

●神奈川县艺术村吉姆·多兰金属艺术的活动促进 神奈川 NKK（株式会社）
●与迈克尔·格雷夫斯一起设计 Tajima（株式会社）的地板
●目黑车站大楼整修计划 JR东日本（株式会社）
●YES’89 横滨博览会纪念品设计制作
●Guma Mangilau Beach 度假村开发 Haseko Guam（株式会社）
●MM21 大荣集团总部办公大楼计划 起用迈克尔·格雷夫斯
●大荣鹰制服的策划、日本体育馆的理念担当 （设计：三宅一生）
●能登岛度假村开发构想 日东兴业（株式会社）
●东京都临海部时尚城提案和构想的总结 东京都
●信息化未来都市构想委员会 东京都临海部时尚城研讨工作组 共同构想策划：通产省、三菱综合研究所
△东京都临海部副都心都市机能配置基本计划研究会委员
△幕张塔中心顾问
△经济企划厅国民生活审查会委员
●御宿町厅办公楼构想委员会委员长
■出版《度假的感觉》 随着度假的热潮成为畅销书，经久不衰 东急代理（株式会社）

1989

△林林兄弟马戏团和小丑学院的顾问
●在横滨制作大型陶瓷壁画（30厘米×90厘米） 国际数字通信（株式会社）
●设计亚洲太平洋博览会都市住宅博览会赞助的集体住宅两栋（建筑师：迈克尔·格雷夫斯、斯坦利·泰格曼） 福冈地所（株式会社）
△幕张新都市住宅地区委员会核心委员 建议修建BAYTOWN街区、商住混合型的住宅街区
●综合计划 海滨幕张车站站前大厦 JR东日本（株式会社）
●作为事务局局长，于12月1日成功举办三宅一生“A UN展”（在卢浮宫美术馆内巴黎国立装饰美术馆长期展出）
△通产省信息化未来都市研究委员会委员
●FFX（Fox Fire Extra nature technology-based clothing） Tiemco.Co.,Ltd.
●设计并改建福冈天神站岩田屋地下食品卖场
●设计并改建购物中心BIRD'S MAIL 东急房地产（株式会社）
●设计青山的COLLEZIONE项目，成功引入主要承租商铺资生堂的Holonic Stadium （建筑：安藤忠雄建筑研究所）
■出版《自然感觉》 东急代理（株式会社）

1990

●国际花与绿的博览会 邮政省、NTT、KDD共同馆 Flora Dome联合制作
●国际花与绿的博览会沙隆展馆 雕刻、制作铁鹰（艺术家：吉姆·多兰和沙隆）
●福冈Kanebo工厂旧址重新开发事业设计、合作（建筑师：乔恩·杰尔德） 福冈地所（株式会社）
●为Battery Town.Co.,Inc.制作台场C区事业化的计划（当选为东京临海副市中心台场第一名）（建筑师：乔恩·杰尔德） Battery Town Co.,Inc.
●作为NTT DATA丰洲本部大厦转移计划执行经理、企业艺术经营管理干部
●获得千叶县幕张站北侧街区综合设计第一名（建筑师：迈克尔·格雷夫斯）
◎设立美国公司“太平洋艺术和设计咨询公司”，统筹享誉国际的设计与产品制作工作
●出版《感动入门》 东急代理（株式会社）
●出版《35岁之前能做什么》 史耀出版（株式会社）
■出版《自然感觉》 东急代理（株式会社）

1991

●制作、设计新潟麒麟万代桥大厅 麒麟啤酒（株式会社）
●在幕张新市中心的规划竞赛中拔得头筹：国际市场园（复合设施）规划（建筑师：迈克尔·格雷夫斯）
●作为博多码头Bay Side Place执行经理，设计日本第一个海滨复合型中心（公共艺术：吉姆·多兰/、广濑友利子）
●作为综合设计师计划加利福尼亚州托兰斯的体育与健康新综合中心 东急百货（株式会社）
●向高知县的桥本知事提议设立高知县商品计划机构
●提出板桥区志村三木目重新开发基本构想 Bunka Shutter Co.,Ltd.
●德岛市东新町开发协议会——德岛市东新町开发调查
□50岁生日的时候，与伊冯·乔伊纳德和两个儿子一道登上4170米高的大提顿山。
●开启夏威夷Keamoku的超级社区计划，再次开发夏威夷、火奴鲁鲁的大型购物中心、宾馆、办公楼的项目 （商业设施计划：乔恩·杰尔德） Haseko Hawaii Inc.
○横滨市上大冈东急百货1号店计划的市场营销顾问和高层人事顾问 京滨急行电铁（株式会社）

1992

■制作与地球环境有关的电视节目“地球游谈”，作为主持人和环境活动家们畅谈
◎设立滨野综合研究所，成立世界创意者组织“滨野团队”
◎在美国蒙大拿创办“创新环境研究所”
●在神户为奥古斯塔大楼设计改装、循环供热方案（合作者：乔恩·杰尔德）
●住宅房“新潟阶段”百叶窗使用理念建筑设计师
■出版《时尚都市建设》 东急代理（株式会社）
■担任《吉米·卡特的户外日志》的责任编辑 东急代理（株式会社）

1993

○地场产品计划人、MD和促销人，人事顾问 高知县产品计划机构（株式会社）
●设计御宿町办公楼
●发起建设横滨音乐城研究会
●研究北海道大雪山、保护自然环境和景区
○研究开发将美国运动项目引进日本的计划 JUSCO Co.,Ltd.
●举办地球船国际研讨会，用回收材料、自然能源建成地球船 香川县财田町
○企业战略顾问 新潟交通
●石川县珠州市海外联合视察
●开启七尾花园构想 石川县七尾市
●在东京时尚协会提出21世纪计划
●中国天津市景点计划等，强化中国网络
○东京站Beer Factory顾问 JR东日本（株式会社）
●加利福尼亚州立大学位于多明格斯山西部的开发，以官民共办的“创造创新教育的机会和场所”为主题的校园开发
■在小仓与理查德·罗杰斯一起做纪念市政建设30周年的演讲
■12月10日—16日在富士摄影沙龙，与飞钓摄影家们共同举办摄影展“滨野安宏和鱼神”
●Ready For Duty（RFD）挖掘美国新锐设计师，将美国时尚品牌化
●Beaver Springs 在蒙大拿州比弗温泉丰富的自然环境中形成的时尚品牌，以“自然和乡村生活”为理念，使用河、山、树等自然环境生成的颜色。将收益用于面向针对孩子的自然教育、候鸟保护、鱼的产卵场地保护。
■出版《网络时代》 东急代理（株式会社）

1994

●在美国蒙大拿州利用太阳能系统、旧轮胎、空罐等可回收材料完成地球船建筑，将其作为滨野自然学校的校区
●确立横滨音乐城的基本计划
●在横滨港口纪念碑前做题为“建设融合艺术与设计的街道”的演讲（与埃托雷·索特萨斯对话）
●设计开发纪念手表（埃托雷·索特萨斯设计，在瑞士制作）
●设计新公司大厅（建筑师：迈克尔·格雷夫斯） Tajima. Inc.
◆任国际联合环境计划日本协会（UNEP）总部事务局事业委员会委员长
●提出并决定七尾花园的基本构想　七尾工商会议所
●开启Ocean Front Walk(OFW)计划，将在加利福尼亚威尼斯海滩行走的人当中自然形成的时尚品牌化。该品牌的理念是：都市和自然和谐共存，轻松地生活。
●蒙大拿创新环境研究所被美国政府认可为公司法人509（a）（1） 正式开展“Beaver Springs”（生活方式品牌）相关工作
●到越南、马来西亚、新加坡、印度尼西亚、泰国等地观察旅行，加深对亚洲网络的认识
◎向位于美国圣莫尼卡的公司Boritzer/Grey/Hamano Gallery注入资本，开始加入以合作艺术、公共艺术为主的商业艺术活动。
◎与英国Nigel French International Ltd.进行业务合作，作为时尚营销和零售顾问
◎根据发展需要，强化PADC，改名为“HAMANO U.S.A.,d.b.a., Pacific Art &Design Consultants Inc.”，简称“Hamano U.S.A.”
●开启亚洲城市计划
○作为与美国运动项目“SPORTMART”业务合作的中介　Nichii Co.,Ltd.、Sporsium Co.,Ltd.
○作为主要承租人，将美国的插件品类杀手 BEST BUY CO.,INC.引入日企所在地加利福尼亚州的托兰斯，11月开张。
●作为分期付款公寓YURIKA的设计顾问，并为其命名（标识：罗德·戴尔；雕刻：吉姆·多兰）
○多摩设计分点的理念研究
●制定静清地区复合商业设施开发计划
■出版《滨野安宏概念索引》　滨野概念、六耀社
○作为高屋市新宿店租赁顾问（为巩固东急的招商引资，就重新分区和确定之前的相关事宜进行交涉）
○作为英国MARKS & SPENCER进入日本市场的顾问
●监督丸井涩谷店总馆整修计划的国际部分
○作为银木工业株式会社的促销顾问
○制定财田“21世纪花之国计划”，作为引入外资企业的顾问　财田町事业化研究所
○作为京滨美术装修计划的顾问
●京滨美装C.I.计划（设计：罗德·戴尔）
●制作北九州市国际妇女交流中心的雕刻（设计：埃托雷·索特萨斯）　北九州市、Plans Am
○作为横滨港口人行天桥的设计顾问　横滨市、长大（株式会社）
●电源区域复兴中心的能源科学馆展示计划　石川县珠洲市
●计划并确立世界都市博览会“世界环境国际市民论坛——构建快乐地球”基本构想

1995

●调查国营海域的中道海滨公园　　住宅及都市基础设施建设公团、日本公园绿地协会
●计划、调查特定公园基础设施建设　住宅及都市基础设施建设公团、都市绿化技术开发机构
○计划、调查青少年设施的开发　　广岛市计划　　　调整局
■出演Ricah的国际商业展1995的宣传片　Ricah Co.,Ltd.
●光缆艺术商品策划（设计制作：里克·安克罗姆） MAXRAY INC.
○横滨市茅崎街区中心商业理念计划起草顾问　横滨市、Archisoft 计划研究所
●关于宠物行业的新开发状态的调查研究　ITOKI 的促销顾问　ITOKI Co.,Ltd.
●在地球环境和设计展上做演讲（策划：小原国际）　东京设计中心（株式会社）
○ITOKI 的促销顾问　ITOKI Co.,Ltd.
○利用闲置地计划、调查　朝日合作（株式会社）
●山中津新店设计计划　（设计：Thompson&Wood）
■出版《服务的次元》　钻石社（株式会社）
●广岛宇品御幸松海滨开发基本构想计划　广岛县事业化研究会
●Reverside City小仓井筒周边地区开发基本构想计划　井筒屋
●马来西亚本南海滨地区开发基本构想计划　TEXCHEM Co.
○N.P.C.A室外服饰品牌理念及销售顾问　　住金物产（株式会社）

1996

●涩谷车站前的峰岸大厦再开发基本构想计划　东急百货（株式会社）
●CCC·TSUTAYA QFRONT 新行业状态研究会　CCC
●涩谷车站前的峰岸大厦事业化研究会　NTT、CCC、东急百货（株式会社）
○促销顾问　Active Gear Co.
●山中极乐店正门设计（设计：Thompson & Wood）　山中（株式会社）
●北海道八云町核心地区基础设施建设计划　八云町、公共建筑协会
●WILD-I BEAVER SPRINGS LODGE计划　KANSEKI Co.
●霓虹博物馆计划构想　KANSEKI Co.（株式会社）
■出演《日本钓鱼纪行》　NHK卫星第二电视台
■出版《父与子的室外教育学》　广济堂出版社
●马来西亚Pael City基本构想展示　Tekskem Co.
■出版《快乐地球》　广济堂出版社
○钟纺时尚品牌调查　钟纺
●夏威夷白木屋翻新构想计划　Shirokiya（株式会社）　东急百货（株式会社）
◆开办第一届夏威夷室外学校
◆开办第十八届夏威夷室外学校
●中高层住宅区的商业便利、交通设施的现状调查　国土交通省、全国市区开发协会
○G-Square互联网的生活方式、水上运输、系统顾问
●博多运河城开发　福冈地所、FJ都市开发（基本构想及与乔恩·杰尔德合作）
●健康和美的概念　相关的项目及其设施的计划　资生堂（株式会社）
○Tanarot巴厘岛开发的顾问　SSL
●AML(American Malls International)布局调查　AML JAPAN(日本首个销售中心)
●AMC布局调查　AMC U.S.A(日本首个电影综合体)
○KANSEKI“宠物星球”的事业化计划、命名、设计顾问　　KANSEKI
●广岛宇品御幸松地区基础设施事业化讨论调查　宇品御幸松地区事业化研究会
○NPCA发售　JUSCO Co.,Ltd.　　住金物产（株式会社）
■对琉球群岛进行调查，出现在特别节目“下个世纪——寻找冲绳观光的课题”　琉球放送
●小都站北地区市区再开发建筑理念　（设计：迈克尔·格雷夫斯）　小都站北地区再开发准备公会

1997

●QFRONT项目公开（涩谷车站前峰岸大楼） 东急百货（株式会社）、 札幌广场（株式会社）
●CRANES FACTORY大楼综合策划 Cranes Agency（株式会社） 租铺：巴塔哥尼亚东京旗舰店和滨野团队总部 （设计总监：北山恒建筑研究会）
●中高层市区住宅开发调查 （社）市区地再次开发协会
◆举办第19届滨野自然学校
●关于小郡车站北市区地再开发事业的节本框架的讨论 日本计划机构（株式会社）
■滨野团队的社报《Countdown2000》 发行
●开始东京音乐城计划 Nacom（株式会社）
■出版《娱乐的感觉》 钻石社
●QFRONT实施计划（建筑、标识、大型展示、艺术） 札幌广场（株式会社）
●制作QFRONT宣传册《新涩谷论》 札幌广场（株式会社）
●QFRONT主要租赁商 CCC TSUTAYA
●白木屋新业态开发基本计划顾问 Shirokiya Inc.
○NPCA全国150店铺大规模展开 JUSCO（株式会社）、 住金物产（株式会社）
●大和市1社地盘开发概念性计划 Ito-yokado（株式会社）
◎将在美国的所有公司合并为DESIGN QUEST, LLC.，从加利福尼亚州迁至怀俄明州。

1998

☆开始志愿者活动 创造猫街
●QFRONT开工——企划、监督 札幌广场（株式会社）
●制定小郡车站北区再次开发概念性计划（设计：迈克尔·格雷夫斯） 山口县小郡町
●东京音乐城计划构想 Namco（株式会社）
■出版《数字城市》（与CCC Co.,Ltd.董事长增田宗昭合著） 钻石社
●CRANES FACTORY开业 CRANES AGENCY
●巴塔哥尼亚东京旗舰店开业 巴塔哥尼亚日本分公司
◎滨野团队总部迁至涩谷区神宫前6－16－8
●北九州市艺术设置 （艺术家：布拉德·豪）
■出版《莫霍战争》（肯尼斯·托马斯著，小比贺优子译，滨野安宏责编） 出窗社
○A.M.I.相模大野车站大楼利用计划设计顾问 竖町商业街振兴联合会
●东急本店周边街区计划基本构想 东急百货（株式会社）
○Tohato 21世纪智囊顾问 Tohato（株式会社）
○轿车新战略提案 三菱汽车工业（株式会社）
○“Cold Air”导入顾问 三菱贸易（株式会社）

1999

●QFRONT艺术计划 （艺术家：乔纳森·博罗夫斯基）
□“我生活在城市中” 千代田区城市规划网络演讲与研讨会
■出版《纳亚露琪》（肯尼斯·托马斯著，小比贺优子译，滨野安宏责编） 出窗社
●ARITA关东分店计划 ARITA（株式会社）
●OmniQuarter（包括滨野的府邸）（设计：北山恒建筑研究会；施工方：滨野安宏）
○东映大泉学园多放映厅影院项目设计顾问
■出版《帕森琪娜娜》（肯尼斯·托马斯著，小比贺优子译，滨野安宏责编） 出窗社
●大和橡树城鹤间商业开发计划
●南青山SOHO大楼OmniQ开发综合策划 富士通商业系统（株式会社）
○三洋新事业计划提案 三洋电器（株式会社）
○中部国际空港构想
●hhstyle.com SOHO家具店策划 （设计：妹岛和世建筑设计事务所）
●实施MARUHAN户外型店铺原型开发计划
●AFRONT开业 东急百货（株式会社）
●MEGA Q pictures（QFRONT巨型数字屏幕的内容企划制作、管理公司）设立

2000

■策划出版《美利坚的天空》（肯尼斯·托马斯著，加原奈穗子译，西江雅之责编） 出窗社
●有田陶艺俱乐部开业 （设计：Coelacanth K&H；施工方：ARITA）
●“兵库县A市工厂遗留地再次开发计划”商业设施基本构想
●M地区再次开发基本计划
●OmniQuarter、OmniQ Gallery开业 （设计：北山恒建筑研究会；施工方：滨野安宏）
■出版《建筑策划师》 鹿岛出版会
●《亚洲梦想中心——上海》 基本构想计划
■出版《生活方式系列》 东急代理（株式会社）
●Inter office公司店铺hhstyle.com开业（设计：妹岛和世建筑设计事务所；施工方：Cranes Factory）
●“上海浦东海滨开发计划”基本构想
●制定AEON大和SC 商品化试行计划
●大宫K社复合大楼基本构想计划
●2000/2001年日本创新活动会议委员
●Feel Fine公司战略顾问、C.I.计划

2001

◎猫街改造协会成立，理事
●表演中心构想计划
●MARUHAN郊区店铺1号店（钏路木场店）开业（设计：北山恒建筑研究会）
●M地区再开发基本计划阶段1
●中国国际空港对岸部常滑临海部都市计划
●A公司商品群咨询
●乐斯菲斯博多大名店建筑制作
●迷你剧场企划公司“Q・AX”和RENTRACK日本公司的复合体与滨野安宏设立的Angelika ：与T.Saleh公司进行业务合作
●上海新天地酒店招标计划
●兵库县X市工厂空地再开发事业咨询
●“生活方式风险基金”研究
●参与FJB-OminniQ南青山SOHO建筑制作
●大阪、淀川地区再开发计划咨询
●天津K高尔夫球场运营公司M&A企划
●宠物娱乐场计划“伊豆高原狗狗森林”综合制造　　MK Suematus公司
●台北、新店市都市开发计划
■出版滨野安宏的《鱼神》、《鱼神巡礼记》（写真集）　广济堂出版
■自费编辑出版《滨野团队项目规划1962－2001》
●Eric Kaiser田园调布店设计制作
◎推进猫街改造协会
○“面向纤维产业的风险基金”构想

2002

●宇田川町鞋店计划 建筑设计　　鹤屋鞋店
●“向之丘游园再开发”构想方案制定 建议关闭向之丘游园并代之以新项目　　小田急电铁
●“新宿西口再开发”基本构想方案制定　　小田急电铁
●开设“La une”（生活方式新业态开发）
■合著《1×1=无限大》　　东急代理（株式会社）
◎多摩美术大学美术学部造型表现学部客座教授

2003

●“市川盐滨地区城市建设调查”都市公团
●就任新华路开发项目顾问（中国上海长宁区都市计划管理局）
●“新宿六丁目地区再开发”概念调查
■出版《新简洁革命》 出窗社
◎青山路和街区委员会委员
◎立命馆大学经济学部客座教授

2004

●涩谷圆山町迷你剧场计划 综合制作
●日中建筑设计研讨会 综合制作
●海宁市盐官景区企划设计项目 综合制作
●上海徐汇区衡山路项目（旧城区的保护和商业区规划）
◆立命馆大学技术参观位于蒙大拿州和怀俄明州的滨野自然学校
○关于公司用地有效利用的可能性评估的意见书完成　　九州电力
■出版《在世界秘密娱乐场钓鱼》　世界文化社
●男人的服装“龙言”理念设计、命名、标识设计指导
◆中国嵊泗岛绿化工程（志愿者）

2005

○乐斯菲斯公司提案者，GOLDWIN公司（株式会社）
●乐斯菲斯钓鱼线Trek’n Fish商品企划开发提案、推广活动　GOLDWIN公司（株式会社）
●中国杭州市武林路南端商业街区项目
△特定非营利活动法人“涩谷、青山景观整备机构”专务理事
△涩谷站东口街区城市建设检讨会顾问
●轻井泽溪花园　综合制作
■出版《从35岁开始成长的人和停止成长的人》　PHP文库
■出版《人类聚集 街道派宣言》　诺亚出版
■出版DVD《旅行的智慧》 OmniQ Gallery
●“东云运河第一座塔”生活方式提案
●滨野安宏创业40周年纪念晚会
●涩谷、原宿商业街计划基本构想
●涩谷站前建筑Likes综合制作

2006

○乐斯菲斯公司提案者， GOLDWIN Inc.
○札幌IKEUCHI提案者，　池内集团
●涩谷圆山町迷你剧场Q-AX综合制作
●“白色一星期”制作（AO开发前地区庆典仪式）
●韩国“金浦空中花园S.C”基本构想
●“青学校友会俱乐部和纪念影展计划”发表
●山梨县忍野村环境整备事业方针制定
●美国NAPA总体规划制定咨询
△特定非营利活动法人“学校设计网”理事

2007

〇乐斯菲斯公司提案者　GOLDWIN INC.
〇札幌池内提案者　池内集团
●高级公寓Space 9制造、推广及设计概念宣传册
△县土构造视觉检讨部会委员（冲绳县）
●冲绳县久米岛酒店和温泉疗养院，自然健康道场计划提案
●韩国世运4区域商业设施开发计划基本构想
●韩国清凉里再开发计划基本构想
●京都御苑重建计划基本构想
●京都站南开发计划基本构想
●天王洲岛屿计划基本构想
〇北青山AO项目商业咨询、租赁综合推进

2008

〇乐斯菲斯公司提案者　GOLDWIN INC.
〇札幌池内提案者　池内集团
●北青山医院周边再开发计划基本构想
●冲绳县北中城高级度假酒店计划基本构想
●多摩屋仲御徒町站周边再开发计划基本构想
●旧邮政公司 神宫前住宅 基本构想计划提案
●京都御苑壁画制作 （画：木村英辉）
■出版《共育自然学园》　现代书林

2009

〇乐斯菲斯公司提案者　GOLDWIN INC.
〇札幌池内提案者　池内集团
◎青山学院综合文化政策学部非常勤讲师
△忍野村景观计划策定专门委员会会长
●青山AO商业策划
●JAPAN DESIGN CITY BANKOK（暂命名）计划基本构想
●向冲绳县知事和冲绳市长建议保护泡濑干湿地和并提出高级度假酒店开发计划
■出版《未来的城市生活方式：幸福城市的设计》学阳书房
■出版《工作方法的革命》　PHP研究所

2010

〇乐斯菲斯公司提案者　GOLDWIN INC.
〇札幌池内提案者　池内集团
●印度里拉宫　A UN AGRAJ建筑基本构想开发和建筑理念设计
●中国西安映像产业综合文化都市开发 基本构想计划
●中国台湾山岳商业都市基本构想计划
●冲绳本部半岛别墅有无居完成 （设计：琉球集团）
●冲绳本部半岛夕日丘有无居概念、基本构想及建筑理念 （设计：琉球集团）
●IKEUCHI ZONE命名及标识设计
●SANGETSU公司特别提案
◎2020广岛奥运申办委员会（NPO 实现州都广岛之会）提案者
■45年间传递创造活动的私塾ANKOU成立

2011

〇乐斯菲斯公司提案者　GOLDWIN INC.
〇札幌池内提案者　池内集团
●韩国汉南洞再开发基本构想
●IKEUCHI ZONE/GATE启动地方百货店的再生与扩张
●本栖湖青少年运动中心空间有效利用的调查研究及基本构想 富士山世界遗产支援活动
●TALEX店铺计划基本构想及建筑理念设计
●京都会馆再整备计划基本构想
●中国内蒙古赤峰文化产业圈开发基本构想
●札幌国际度假都市手稻区计划基本构想
◎神奈川县智囊会议审议委员 知事的咨询机构

2012

〇乐斯菲斯公司提案者　GOLDWIN INC.
〇札幌池内提案者　池内集团
■出版滨野安宏的《完美创意的实现》　六曜社
●庆祝《完美创意的实现》新书发布会的特别演讲
●ANKOU塾《梦想的实现》：访谈节目全国巡讲
●中国内蒙古赤峰 基本构想计划

2013

●中国山西太行山大峡谷开发 基本构想计划

待续···

想いの実現 The Vision in my Mind
by滨野安宏